U0347859
站在巨人的肩上
Standing on Shoulders of Giants
TURING
图灵教育
iTuring.cn

站在巨人的肩上
Standing on Shoulders of Giants
TURING
图灵教育
iTuring.cn

TURING 图灵程序设计丛书

利用机器学习
开发算法交易系统

[韩] 安明浩 著　王雪珂 译

人 民 邮 电 出 版 社
北 京

图书在版编目（CIP）数据

利用机器学习开发算法交易系统 / (韩) 安明浩著；王雪珂译. -- 北京：人民邮电出版社，2019.5
（图灵程序设计丛书）
ISBN 978-7-115-50404-3

Ⅰ. ①利… Ⅱ. ①安… ②王… Ⅲ. ①机器学习 Ⅳ. ①TP181

中国版本图书馆CIP数据核字(2018)第287226号

内 容 提 要

本书介绍了适用机器学习的统计与概率方面的数学理论，以及其他相关领域知识，同时收录了实现代码。利用机器学习编写程序时，机器学习算法所占的比例并不大，重要的是理解数据并掌握特性。在此过程中，如果具备统计与概率相关的数学知识和机器学习应用领域的专业知识，则能大大节约时间并简化问题。经过这些过程，机器学习才能获得良好的应用效果。

本书适合机器学习入门者、具备编程能力的机器学习关注者、对股票交易原理感兴趣并乐于实践的读者。

◆ 著　　[韩] 安明浩
译　　王雪珂
责任编辑　陈　曦
责任印制　周昇亮

◆ 人民邮电出版社出版发行　　北京市丰台区成寿寺路11号
邮编　100164　　电子邮件　315@ptpress.com.cn
网址　http://www.ptpress.com.cn
涿州市京南印刷厂印刷

◆ 开本：800×1000　1/16
印张：11.75
字数：168千字　　2019年5月第1版
印数：1-3 500册　　2019年5月河北第1次印刷

著作权合同登记号　图字：01-2018-0947号

定价：49.00元

读者服务热线：(010)51095186转600　印装质量热线：(010)81055316

反盗版热线：(010)81055315

广告经营许可证：京东工商广登字20170147号

前 言

范式的变化：从软件到数据

数据时代方兴未艾。人们不久前还在强调软件的重要性，“软件正在吞噬世间万物”这一多少有些挑衅性的话语也曾脍炙人口。媒体也紧跟潮流，报道了软件对我们的生活和产业造成的影响，介绍了新的软件技术，还刊登了对具有影响力的开发人员的采访。诚然，软件的重要性毋容置疑。现在如此，将来亦是如此。

我想说的是竞争力和价值。开源的普及可以称为软件发展史上的里程碑事件，因为开源是范式从软件转变为数据的核心原因。过去，软件本身就是一种竞争力。与现在不同，当时软件的数量不多，公开源代码的软件数量也很少。软件的功能和质量越好，竞争力越强。

现在，得益于开源，值得一用的软件数不胜数。从功能简单的开源软件到运行庞大IT 服务时使用的复杂开源软件，覆盖多个领域。

同时，最近开源项目的水平不断提高，远超过去。比如谷歌、Facebook 等跨国 IT 产业的龙头企业，都竞相将出于自身需要开发的、用于公司服务的高品质强性能软件进行了源代码公开。谷歌开源的 TensorFlow 深度学习库是进行图像识别等机器学习相关操作时使用的库，绝对不是功能弱、训练结果质量差的粗劣系统。

开源的普及使得软件无法仅凭功能和质量形成较高竞争力。想要实现机器学习，只要利用谷歌的 TensorFlow 即可使用全球最高水平的机器学习库。想要实时分析大数据，利用领英的 Pinot，同样可以轻松开发高级实时大数据分析程序。由此，我们只需要搜索几次，就能获取优质软件。

在这种环境下想要进一步提升竞争力，只能实现“智能化”。如果说现有软件提供的是功能，那么智能化软件则通过自动化消除繁琐的操作，通过判断传递新的价值。以本书对股票的讲解为例，如果现有的股票相关软件可以提供以功能为中心的价值（“随时便捷进行股票交易”），那么智能化软件则提供以利益为中心的价值（“现在买入XX股票可以获得10%的利润”）。

智能化需要数据，利用机器学习可以将数据转换为智能。具有代表性的机器学习技术之一——深度学习就是很好的例子。深度学习以1943年发布的神经网络技术为基础，2000～2005年还因为性能低下和技术上的制约而备受冷遇，但是在2006～2010年华丽复活。虽然算法的发展在此过程中起到了重要的作用，但如果没有计算能力，尤其是没有数据的话，这是不可能实现的。

机器学习三大要素是算法、计算能力和数据。算法通过网络就能轻松实现，计算能力亦是如此，只要有预算，就能使用亚马逊等公有云轻松搞定。

而数据与前两种要素不同。对于以神经网络为首的机器学习算法，拥有的数据越多，性能越好，所以拥有越多优质数据就越有利。虽然网络使获取数据变得更简单，但是因为数据所有权的问题，通过网络能够获得的数据是有限的。大多数情况下，个人信息或信用卡使用明细等拥有重要价值的信息是不会公开的。

最终，智能化的质量取决于谁拥有更多值得使用的优质数据。向消费者呈现他们想要购买的商品的打折广告，比不停发送消费者不关心的产品广告更受青睐。今后的竞争只能以利益为中心展开，而不再以功能为中心，其中的核心必然是数据。

金融、IT、机器学习

金融是关于数字的产业，IT技术在其中发挥了非常重要的作用。存取款、查询账户余额、给他人转账时，都需要运用 IT 技术。并不是我说“要转账”，实际存在的钱就会被转交给收款人。在对方取钱之前，记录在 IT 系统某处数据库中的“我的存款”会减少转走的金额，而收款人数据库中记录的存款数则会增加相应金额。

如果没有 IT 技术，我们现在享受的多个金融服务要么会消耗更多时间，要么根本不可能实现。此前，IT 系统在金融领域多用于记录、删除、修改交易相关的数据。但是最近，业界开始用更高标准要求 IT 系统。

可以简单地称其为“利用机器学习的智能化”。与数据库只能使用金融机构拥有的庞大数据不同，机器学习用于从数据中监测风险程度、预测未来的股价走势、寻找新的商业机会等，是完全不同的角度和技术。

机器学习需要许多数据和强大的运算能力作为支撑，金融界已经满足这些条件。金融数据是数字数据，比其他数据更准确，非常适合进行机器学习。例如，分析社交媒体时，需要分析人们撰写的文章，将其转换为恰当的数字，然后利用机器学习算法进行分析或预测，在此过程中，必然会发生一定程度的损失和偏差。况且，我们很难通过社交媒体分析明确了解文章内容是 100% 表达了作者的想法，还是因为其他原因而未能做到这一点。

世界级投资银行高盛集团很好地展现了这种潮流。Business Insider 在 2015 年 4 月 12 日的报道中，以“Goldman Sachs is a tech company”为题，详细介绍了高盛集团的转型。

报道称，高盛集团在全球拥有 33 000 名员工，其中有 9000 名是工程师和程序员。也就是说，将近 30% 的员工从事与 IT 相关的工作。Facebook 的 IT 相关职员为 9199 人，Twitter 有 3638 名员工，领英有 6897 人。由此可以看出，高盛集团 IT 领域的员工数是多么庞大。

在金融界，具有代表性的机器学习应用就是算法交易。算法交易不依赖于人，而是靠程序完成操作的。早在 2012 年，算法交易就占据了美国全部交易的 85%。毫不夸张地说，我们经常在股票市场提到的“外国人”其实不是“人”，而是机构或者对冲基金使用的算法交易程序。

随着 IT 在金融领域的广泛应用，当今在全球金融圣地华尔街上，除了 MBA、财务、经济专业等传统意义上的金融人士以外，也很容易找到看上去十分“突兀”的数学家、天文学家、物理学家和计算机科学家。使用机器学习等 IT 技术不仅能够增加金融机构的收益，还能找到新的商机，使效率最大化。这一点很早之前就已经得到证明，因此，金融与机器学习等 IT 技术的结合越来越深。

成书原因

我初次接触机器学习的时候，它奇妙的概念和令人惊讶的结果让我感到十分兴奋。我曾经在一个项目中开发过识别物体的程序，整个过程充满艰难困苦。用人眼能够轻易区分物体，而想要在计算机中用程序识别物体，不仅需要丰富的数学知识，还要想办法通过代码实现。

通过计算机识别物体时，需要把识别物体所需的全部内容用代码编入程序，还必须包含可能误识别的相关物体和图像特点。若要识别不同形态的物体，则需要将以上的辛苦过程重复一遍。如果再辛苦一次能够出现好的结果自然很幸福，但现实往往很残酷。虽然在特定条件下识别率很高，但只要有一点点偏离轨道，识别率就会严重下滑。

但是，十分常见的机器学习示例 MNIST Digit Recognition 却能够轻松识别数字。它的示例代码不长，准确度达到 95% ~ 98%，这在过去是完全无法想象的。因此，我抱着对机器学习的期待，开始了学习之旅。每一段旅程都是相似的，想要遇到旅行指南中出现的梦幻般的美景并非易事，没过多久我就明白了这一点。我也再次意识到，示例只是示例。但是，对机器学习抱有浓厚兴趣的我并不想就此放弃，所以开始了正式的学习。

以我个人的标准看，机器学习图书可以分为两大类：第一类对机器学习进行介绍，第二类对机器学习的数学背景进行说明。前者着重介绍机器学习算法和使用方法，虽然有助于学习机器学习的使用方法，但是在理解和使用机器学习的概念时，内容略显不足；后者则着重介绍机器学习算法中使用的数学概念和各种定理，过于专业。如果想开发新的机器学习算法，或者改善现有的机器学习算法，那么可以通过这些图书获得帮助。但是，如果重点在于使用机器学习算法，那么这些书则太过笼统。

我以口渴之人挖井的心情默默地钻研了机器学习之后发现，如果想要灵活运用机器学习，必须理解核心的数学概念，掌握想要适用领域的专业知识。

其实，使用机器学习编写程序时，机器学习算法所占的比例并不大，重要的是对数据的理解和对特征的把握。这个过程称为探索性数据分析（EDA，exploratory data analysis），要想切实执行该过程，需要具备统计和概率相关的数学知识。在有效进行EDA时，如果拥有专业知识，可以大幅缩减时间并简化问题。只有经历了这些过程，应用机器学习时才能呈现出好的结果。

我希望大家能够通过本书集中学习机器学习相关的数学理论、专业知识，以及实现机器学习的代码。如前所述，数据是灵活使用机器学习时更重要的要素，如果没有确定适用领域，那么只算完成了一半。因此，我选择的应用对象是股票，因为能够轻易获得数据，而且数据自身可信度高、有难度。

股市是典型的难预测领域，拥有学习机器学习需要的所有因素。在股市可以体验利用数学理论构建预测模型、处理模型所需的数据、预测股价、分析并改善训练结果等机器学习整体流程。

书中探讨的主题——统计、时间序列和算法交易的内容十分丰富，每一个主题都很难用一本书完成说明。因此，本书将以和算法交易有直接联系的必知事项为中心进行讲解。

至于本书未涉及的内容，需要各位通过其他图书进行学习。本书假设读者均已具备编程能力，故不再单独讲解编程相关知识。

本书结构

本书大致分为三部分。

第一部分　机器学习概要。介绍机器学习的概念、功能、种类。

第 1 章　机器学习

这一章比较重要的内容有对机器学习概念的把握、机器学习能够解决的问题、机器学习的过程，以及“没有免费的午餐”定理（NFL，no free lunch theorem）。

第二部分　通过介绍与算法交易有关的数学背景知识探讨统计和时间序列。要想进行算法交易，需要构建决定股票买入和卖出的“模型”。该部分讲解构建模型所需的最基本的统计概念和时间序列概念。

第 2 章　统计

这一章包括机器学习的全部基础知识，阐述正确使用机器学习时必须清楚的概念——标准差、直方图、正态分布等。

第 3 章　时间序列数据

这一章介绍算法交易的理论基础——数学概念，最后添加实现算法时所需的必知内容。

第三部分　利用 Python 实现简单的算法交易。尝试实现以机器学习为基础的模型和以时间序列为基础的模型，对实现结果进行分析并讨论改善方法。

第 4 章 算法交易

这一章对算法交易的概念进行介绍，说明算法交易中使用的两种模型。

第 5 章 实现算法交易系统

这一章利用 Python 和库，实现第 4 章中的两种模型。

第 6 章 性能评价与优化

这一章评价第 5 章中实现的模型的预测性能，以及为了实现更高的预测性应该如何进行优化。

实操所需软 / 硬件

机器学习需要同时具备软件和硬件。对于所需的硬件，应当尽可能选择速度快的 CPU。因为机器学习算法进行的计算比其他软件多，执行时间少则数秒，多则数月，所以 CPU 越快越能尽早取得结果。

如果想正式进行机器学习，我强烈推荐各位使用 GPU，而不是 CPU。GPU 是数学和科学计算中的专业设备，运算速度相当快。CPU 能够串联处理，而 GPU 能够并行处理，所以在相同时间内，GPU 的处理速度更快。最新的 CPU 有 4 核和 8 核，而 GPU 拥有数千个核。并行处理时，GPU 能够在同一时间内用数千个核同时处理数千个计算。

软件的选择同样重要。使用硬件的过程中，如果需要更好的性能，可以通过升级轻松实现。但是，软件中使用的库和开发的机器学习代码隶属于语言和库，需要慎重选择。

人们过去认为，选择软件时要追求速度。因为机器学习需要进行非常多的计算，运行时间很长，所以能够尽快看到代码结果比长时间的等待有意义，因此经常使用 C、C++ 等语言。

但是，目前计算能力已经比以前提高了很多，如果短时间内需要强大的计算能力，可以使用云。最重要的是，GPU 的登场使速度的魅力逐渐消减（图像识别等领域的运行时间依旧很长，所以同样偏爱 C++）。因此，库正在成为软件选择的重要因素。

选择机器学习库时，应该考虑它是否支持所需的机器学习算法、是否拥有处理数据时所需的功能，以及能否持续升级等。

想要亲自实现机器学习算法，不仅需要数学知识，还要通过诸多测试和优化等进行检验。因此，如果不是为了创建新的机器学习算法或者改善现有的机器学习算法，那就没有必要亲自开发。

想要使用机器学习，只需理解机器学习算法的相关概念及其使用方法。从编写机器学习程序的整体过程可知，机器学习算法自身所占的时间比例并不多，只有 10% ~ 20%。将数据用于机器学习的预处理、分析并改善机器训练结果的后期处理等过程更加重要，而且需要更多时间，所以要清楚库中是否包含这些功能，因为预处理和后期处理决定了机器训练结果的质量。

选择机器学习库时，必须确认其能否支持 GPU。CPU 和 GPU 之间运算速度的差异小则数倍，大则数百倍、数千倍，因此，如果机器学习中使用的数据较大，或者要使用深度学习等计算量较多的算法时，GPU 必不可少。

本书推荐的算法交易硬件环境和软件整理如下。

- **硬件**：Intel i5 以上，内存 4 GB，HDD 256 GB 以上。
- **操作系统**：支持 Python（Windows、OS X、Linux）。
- **数据库**：MySQL（用于保存股价相关数据）。
- **编程语言**：Python，广泛用于 Web 开发、云、金融。简练易学，拥有多种库。
- **库**
    - NumPy：提供高维数学功能的开源 Python 库。NumPy 的核心功能是 ndarray，

它是 *n* 维数组数据类型，能够快速灵活地使用多维数组。NumPy 可以用作各种数学和科学运算中常用的向量和标量，同时能够与数据库联动使用。

- SCIPY：提供科学计算所需功能的库，提供优化、线性代数、积分、FFT 等功能。
- Pandas：处理金融数据的库，使用 Dataframe 类，拥有处理时间序列金融数据所需的各种功能。
- Matplotlib：拥有绘制图表或数据可视化所需的多种功能，同时提供保存或缩放图表所需的简单 UI。
- scikit-learn（sklearn）：Python 机器学习库，能够实现除深度学习以外的几乎所有机器学习算法，同时包含数据处理和分析训练结果的功能。使用方法不受算法影响，是能在短暂的学习时间内直观使用的具有代表性的 Python 机器学习库。
- Statsmodels：Python 统计库，支持数据挖掘、统计模型推测、统计测试等与统计相关的各种功能。

使用 Anaconda 安装库

Anaconda 程序能够一次性安装书中实操所需的包和相关程序，支持 Windows、OS X、Linux。如果不熟悉 Python，那么可能很难通过 Python 安装程序 pip 等逐个安装所需的库，此时可以使用 Anaconda 构建所需的实操环境。

在 Anaconda 主页可查看详细说明并下载。Anaconda 的安装十分简单，运行下载的文件即可完成。Anaconda 提供 Python 2.7 和 Python 3.5 两种版本，建议各位安装 Python 2.7 版本。本书中使用的库和代码均在 Python 2.7 版本中完成测试。

操作系统不同，Anaconda 安装的库也有所不同。Linux 能够安装 Anaconda 中支持的所有库，OS X 支持大部分，Windows 最少。

示例代码下载

参见“图灵社区”本书主页（http://www.ituring.com.cn/book/1929）“随书下载”。

目 录

第一部分

第二部分

第三部分

第一部分

第 1 章
机器学习

1.1 机器学习定义

与人们普遍认为的不同，机器学习技术其实存在已久，并直接或间接地广泛运用于我们使用的多种服务和商品。比如，保护我们不受垃圾邮件侵扰的垃圾邮件过滤技术、电商网站上推荐合适商品的服务、苹果的 Siri 等识别人声的服务等，许多应用正在融入我们的生活。

维基百科将机器学习定义如下：

“机器学习是从人工智能的范式识别和计算学习理论中发展而成的计算机科学领域之一。机器学习先训练数据，然后研究可预测的算法。这些算法并不使用静态编程，而是通过输入的数据创建模型，从而进行预测或给出决策。”

由此可知，机器学习定义中最重要的部分是，使用给定数据独立训练并创建合适的模型。一般来说，想要使用计算机做某件事情，需要在计算机上详细定义什么是数据（输入）、这些数据进入之后应该怎样处理（程序）、应该怎样表示结果（输出）等。

程序员开发程序的过程是使计算机理解定义，通过指令编码，指示应当如何处理输入、程序、输出。计算机没有智能，只有将输入、程序、输出相关的详细内容编写为没有逻辑矛盾的程序，才能获得想要的结果。

但是机器学习使用的处理方法完全不同。人们只进行输入和输出，机器学习会自行创建程序。准备好合适的数据后，用现有的处理方法编写程序则需要投入很多的时间和精力，但是机器学习的处理方法却不用这么麻烦。在机器学习中，将想要的结果指定为输出，余下的工作则依靠机器学习独立编写程序。① 因此，我们只需要提供足量的、已经整理好的数据，以及使用机器学习时所需的计算能力即可。

图 1–1 明确展示了机器学习处理方法和现有处理方法的不同。

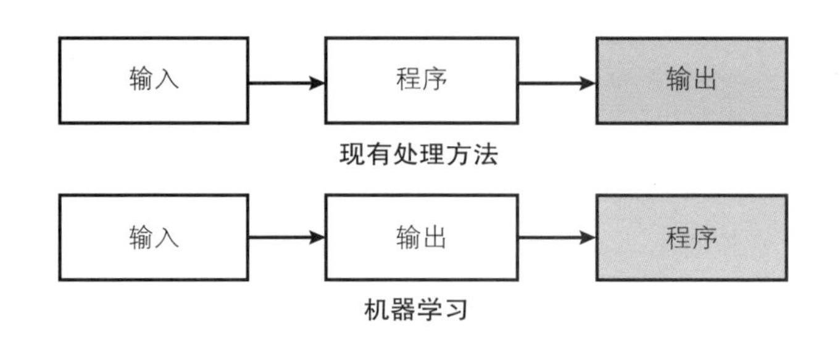

图 1–1　现有处理方法和机器学习处理方法

机器学习以数据为基础，所以与计算统计有诸多关联。从机器学习的观点看，“从数据中学习”是指，使用既有数据算出概率并给出特定数据时，借助过去的数据计算得出结果值的概率。

这种特征充分体现了数据在机器学习中的重要性。如果提供的数据量不合适或质量低下，那么即使使用优质的机器算法，也不可能得出好的结果。著名的“无用输入，无用输出”（GIGO，garbage in，garbage out）原则自然也适用于机器学习。

---

① 此处“编写程序”是指独自创建模型并设定合适的参数。

数据对机器学习的结果影响巨大，因此在机器学习中，挖掘并整理数据的数据挖掘十分重要。[①] 通过数据挖掘选择将要用作输入数据的合适的输入变量，补充该输入变量缺失的数据或清除离群值，然后选择适量数据，这其实是机器学习中最重要的过程，而且是重中之重。

1.2 机器学习的优缺点

如果你第一次接触机器学习相关的概念或各种成功案例，可能会觉得它像尚方宝剑，能够解决任何问题。再试着运行示例代码，会更吃惊地发现，几行简短的代码竟然可以轻松地从图像中识别文字、分辨 Iris 花的种类等，这些都是用现有编程方法很难做到的事情。

但是，你不久之后就会意识到，机器学习并非挥舞一次便能压制所有敌人，也会明白示例只是示例。那些所谓的"成功案例"可能是使用的数据有误、算法不相符，或问题与机器学习不适合才"意外实现"的。

想要正确使用机器学习，需要把握机器学习的优缺点，要考虑待解决的问题是否适合机器学习，如果不适合应该怎样重新定义问题，应该使用哪些数据等。换言之，只有理解机器学习的优缺点，才能用它取得好的结果。

1.2.1 机器学习的优点

- 不需要训练所需的知识表达。计算机理解知识时，所需的表达是很难的。
- 如果数据充分，算法合适，呈现的结果将优于人工构建的模型。
- 不要求专业的数学知识或编程能力。仅靠基本概念即可充分使用机器学习。

① 机器学习和数据挖掘有很多相似之处，经常混用，本书将数据挖掘的重点放在探索性数据分析上。

- 支持自动化。可以用程序自动进行机器学习、寻找最优参数、对结果进行评估。
- 成本低廉且灵活。除数据之外的其他过程均可自动化。
- 可以通过程序随心使用。

1.2.2 机器学习的缺点

- 准备数据时需要付出大量努力。如果是监督学习，需要给出所有单一数据的结果值。
- 容易报错。通常很难创建准确度高的模型。
- 生成的模型是黑箱，所以很难对其进行解释。想要提高准确度，应当修改或者改善模型，但是大部分机器学习算法很难用训练结果理解生成的模型，而且不能对模型本身进行改善。
- 经常发生过拟合问题。虽然优化了既有数据，使得训练中使用的数据拥有较高的预测能力，但是其他数据的预测能力并不突出。

1.3 机器学习的种类

如图 1–2 所示，根据学习方法的不同，机器学习可以分为三大类：人工提供输入和输出的监督学习、只提供输入的无监督学习、在某个环境内为了达成特定目标而进行独立学习的强化学习。从当前的使用频率看，监督学习最多，其次是无监督学习，最后是强化学习。

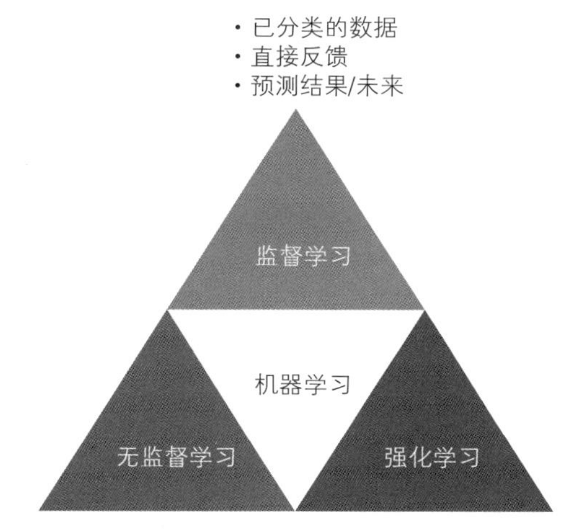

图 1-2 机器学习的种类

1.3.1 监督学习

监督学习是最常用的机器学习类型，包括垃圾邮件过滤、OCR 字符识别等。监督学习通过提供输入和输出进行学习，可以视为一种优化问题，因为它会对监督学习算法现有的输入值进行分析，然后创建得出输出值时所需的最优模型。以开发能够区分小猫图像的机器学习程序为例。因为监督学习需要提供输入和输出，所以要提供小猫的图片和“小猫”这个词。也就是说，提供小猫照片的同时，也要提供“小猫”这一输出，如图 1-3 所示。

图 1–3 监督学习示例

因此，在监督学习中，数据以输入和输出捆绑在一起的“元组”形态构成。

1.3.2 无监督学习

监督学习是分析输入以得出输出的优化问题，无监督学习则是把握输入数据的结构或者分析关系的方法。无监督学习也称“知识发现”（knowledge discovery），因为它能够用训练结果发现意想不到的知识，或者发现输入数据之间的组合和特征等。

无监督学习的另一个特征是，它很难对训练结果进行评价。因为训练结果没有明确的目的，即没有输出，所以无法制定评价标准。监督学习提供数据的时候，每个数据的输入和输出都是元组形式；但是无监督学习中没有输出，只提供输入。

前文监督学习示例提供了小猫的照片和名字，但无监督学习中没有名字，只用小猫的照片完成学习，如图 1–4 所示。

图 1–4　无监督学习示例

1.4 机器学习能做的事情

最近，机器学习通过无人汽车、小猫照片识别、图像描述（image captioning）等呈现出优越的成果，我们有理由相信，用专业的数学背景和精巧的算法武装机器学习后，能够解决很多问题。但是目前，使用机器学习这一“魔法”解决的问题并不多，甚至连这一点点成就都耗费了诸多辛劳和奉献。

通过机器学习达成某件事情耗费的时间比想象中要长。想要获得一个完整的结果，需要经过数十次、数百次的重复，逐步改善，还要根据情况重新构建模型，或者从完全不同的角度推进。尤其是想要使用机器学习解决特定问题时，只有将这个特定问题转化为适合机器学习的形态，才能获得想要的结果。因此，正确使用机器学习前，必须知道机器学习能做什么、不能做什么。

看到机器学习能够过滤垃圾邮件、识别文字和语音，你可能会觉得它可以处理各种事务，但其实它只能处理三类事情：回归（把握变量间关系）、分类（分类数据）、聚类（将有关的数据联结在一起）。

机器学习通过这三种方式解决各类问题。回归和分类是所有机器学习算法的根本，是非常重要的概念，大家必须理解。

1.4.1 回归

回归的主要目的在于把握连续数字变量间的相互关系，特别是分析因变量和自变量之间的联系。为了帮助大家理解回归，下面以房价为例进行说明。

假设我们打算卖掉正在居住的房子，想知道到底能够得到多少钱。但是因为没有和这所房子大小相同的房屋作为参考，所以很难决定房价。此时可以通过其他房屋面积的房价数据和回归分析，计算合理的房价。

开始回归分析时，首先要画出因变量和自变量的散点图，这样能够直观把握数据的关联程度，如图 1–5 所示。

由图 1–5 可知，房价和面积之间存在线性关系。想要解决的问题是根据面积计算房价，那么从散点图中可看出，房屋面积越大，价格越高。因此，可以想到如下模型（公式）成立：

$$Y = aX + b$$

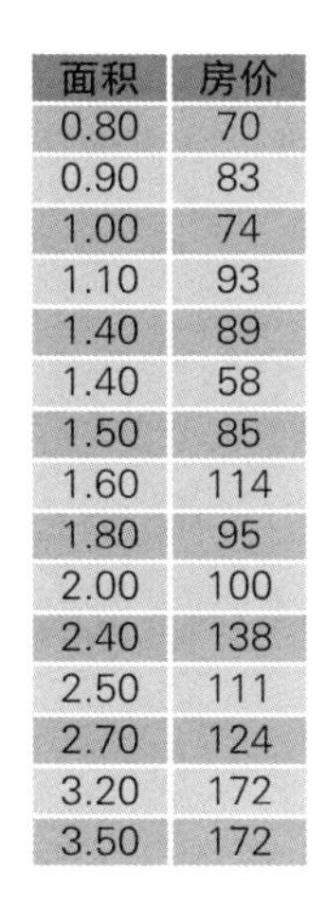

面积	房价
0.80	70
0.90	83
1.00	74
1.10	93
1.40	89
1.40	58
1.50	85
1.60	114
1.80	95
2.00	100
2.40	138
2.50	111
2.70	124
3.20	172
3.50	172

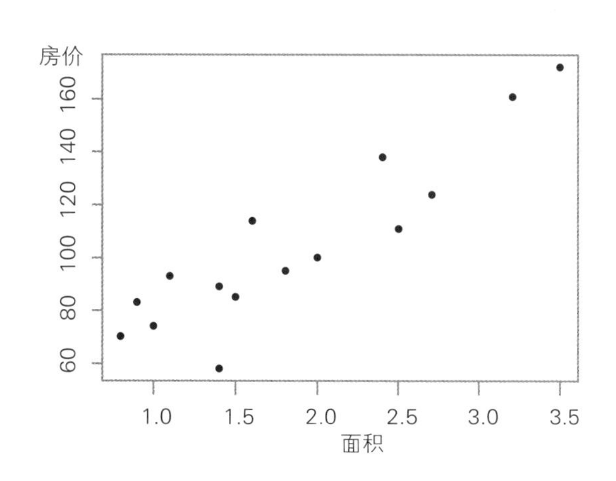

图 1-5　房价与面积大小的散点图

Y 是房价，为“因变量”；X 是面积，为“自变量”。假设的模型是一次函数，所以 a 指斜率，b 指截距。如果利用既有数据得出 a 和 b 的值，那么就能完成决定房价时所需的模型。在该模型中，X 处输入要卖的房子面积，就能算出房价。利用程序，a 值为 0.65、b 值为 0.89 时，最能够表现图 1-5，这就可以说“房价 = 0.65 × 面积 + 0.89”的关系成立，如图 1-6 所示。

我们现在已经知道了房价和面积之间的关系，那么只要得知面积，将其代入前面的公式，就能计算出正确的房价。

像这样，把握既有变量之间的关系就是回归。回归问题的应用如下所示：

- 用过去的温度数据预测明天的温度
- 用股票行情信息预测未来的股票价格
- 用流动人口、天气、价格信息等预测饭店的生意
- 用买家的年纪和年收入预测特定商品的销量

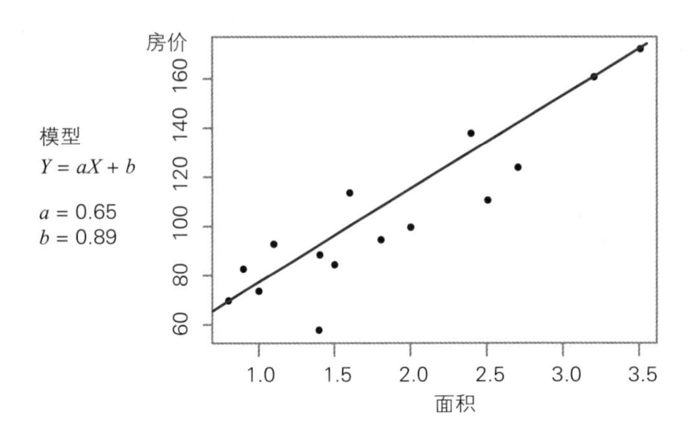

图 1-6　回归分析

1.4.2　分类

顾名思义，分类就是对数据进行分别归类。为了帮助大家理解分类，下面以 Iris 数据为例。

假设要利用花瓣的宽和高数据，判断给定的 Iris 花属于 Setosa、Virginica 和 Versicolor 中的哪个品种。这个问题与前面的回归问题不同，并不是要预测某个值，而是判断其属于哪个种类。但是与回归问题一样，分类也需要用散点图判断不同种类的花瓣的宽和高之间存在什么关系。

由图 1-7 可知，Setosa 品种在图中为正方形，位于左下角；Virginica 是圆形，位于右上角；中间的三角形则是 Versicolor。想要解决的问题是利用给定花瓣的宽和高来判断花的品种，因此需要区分这三个品种的方法。如果存在某个模型，该模型可以根据花瓣的宽和高区分品种，那么只需将新的宽和高作为数据输入，就能得到想要的结果。

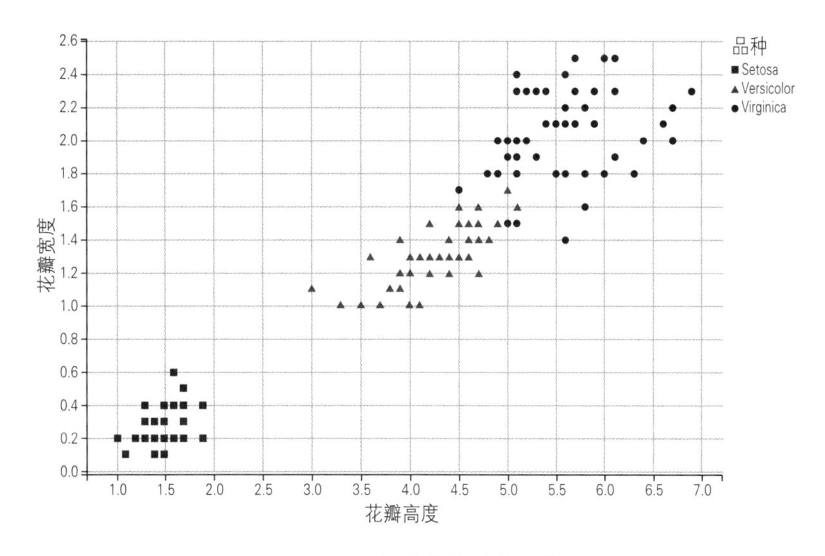

图 1-7　蝴蝶花的散点图[①]

如图 1-8 所示，利用两条线分出 Setosa、Virginica 和 Versicolor 区域之后，只要知道新给的数据在三个领域中的位置，就能顺利分类品种。因此，这里的“分类”就是利用给定数据，求出能够区分 Iris 花的两个 $Y=aX+b$。

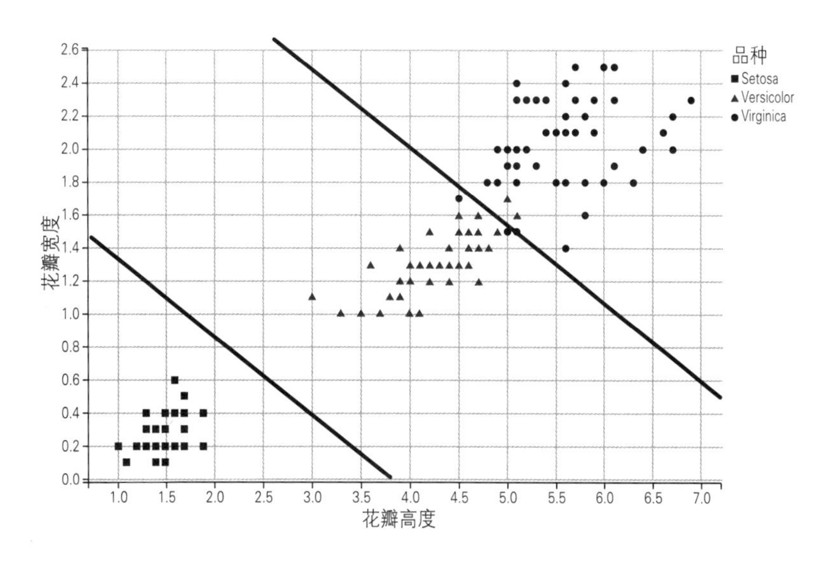

图 1-8　最优分界线

① 出处：http://blog.datacamp.com/machine-learning-in-r/

分类通过以上过程区分数据，广泛应用于机器学习。回归能够用于连续数据（continuous data），而分类则能用于分类数据（categorical data）。

分类问题的应用如下所示：

- 垃圾邮件分类
- 图像识别
- 语音识别
- 判断是否罹患疾病

1.4.3 聚类

聚类将数据集合成拥有相似特征的簇。聚类用于无监督学习，不需要输出数据，仅靠输入数据完成，主要用于把握或理解数据的特征。

例如，假设我们要展开营销活动，现在想知道会响应营销活动的人群拥有什么特征。如果是第一次进行营销活动，拥有相关的数据，但不知道应以什么样的标准选定对象，那么聚类可以有效解决这类问题。

聚类通过计算给定数据之间的相似程度，将拥有相似特征的数据分为一类，能够有效完成操作。收集响应营销活动的人群数据后进行聚类，就能知道拥有相似特征的人可以分为几类。如果掌握了每类人群的共同点，就能发现问题中响应营销活动的人群类型及其特征。

进行聚类之后，如果得到图 1-9 所示结果，就可以将响应营销活动的人群定为两类，然后对这两类人群拥有的特征进行分析即可。

聚类问题的应用如下所示：

- 聚集音乐喜好相似的用户
- 使用天文学数据寻找拥有相似特征的星体
- 推荐电商用户可能喜欢的商品

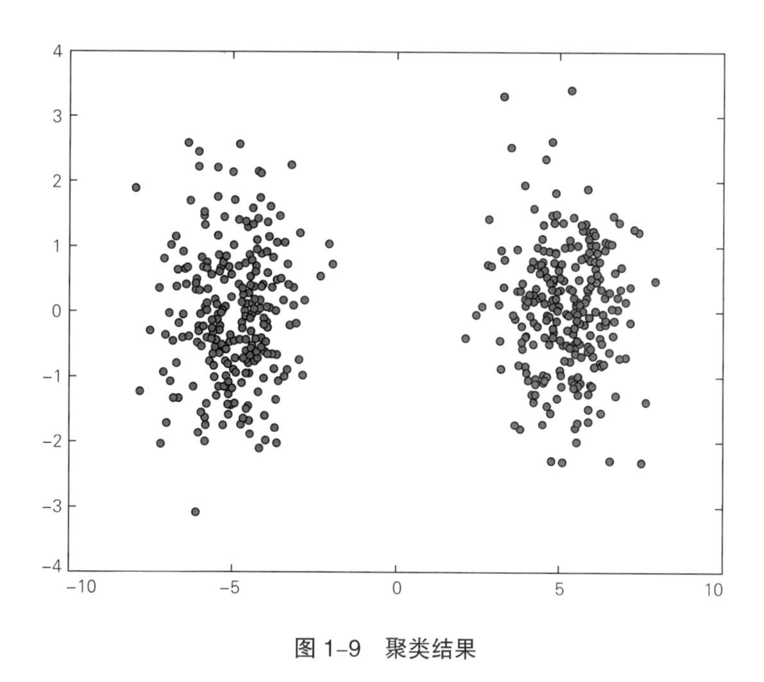

图 1–9　聚类结果

1.5 机器学习算法

要想实际使用机器学习，需要选择机器学习算法。如前所述，机器学习能够解决回归、分类、聚类问题，它们各自拥有相应的算法。一种算法并不能解决所有类型的问题，每个算法的特征都不同，所以要明确了解自己需要的是什么。为了获得结果，需要判断问题类型，继而选择要应用于机器学习的算法。

选择合适的算法前，需要考虑数据大小、数据类型（字符、数字、图片等）、是否是线性数据等因素。如果没有数据的专业知识，那么选择能够呈现最优结果的算法需要投入很多时间和精力。

图 1–10 是 Python 有名的机器学习库 scikit-learn 中提供的算法 Cheat-sheet，包含了通过机器学习获得预想结果的常规程序。START 是起点，之后的过程依次呈现了每个问题

的答案。从图中能够清楚地知道，初学者最初应该使用哪种机器学习算法，结果不好时下一步应该使用哪种算法。

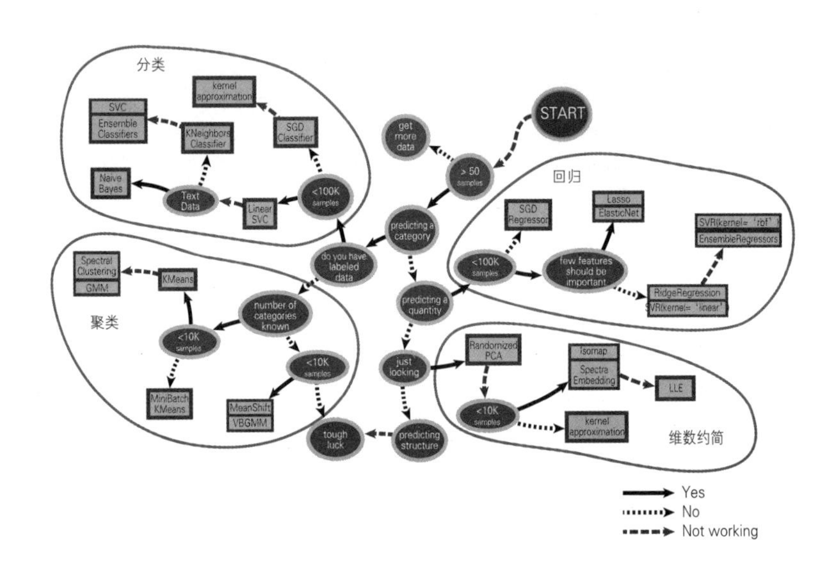

图 1-10 scikit-learn 的算法 Cheat-sheet①

适用于回归、分类、聚类的代表性算法归纳如下。

1.5.1 回归

- 线性回归
- SGD 回归
- 支持向量回归
- 随机森林回归
- 贝叶斯回归
- 保序回归

① 出处：http://scikit-learn.org/stable/tutorial/machine_learning_map/

- 贝叶斯 ARD 回归

1.5.2 分类

- 逻辑斯蒂回归
- 支持向量机
- 随机森林
- 决策树
- 梯度提升树
- SGD 分类器
- AdaBoost

1.5.3 聚类

- *K* 均值（最优分配）
- 谱聚类
- 高斯混合
- 凝聚聚类
- 近邻传播
- 均值漂移

此外还有多种算法，只有选择的算法与自己处理的数据特征相符，才能尽快获得好的结果。

一般情况下，了解机器学习算法的数学理论及内容是充分条件，而非必要条件。因为预测所需的建模并非人工进行的，而是被设计为由机器学习算法独立进行。因此，使用机器学习算法的开发人员应该知道机器学习算法的概念、使用方法和特征。

如果没有算法能够利用机器学习有效解决问题，可以将能够适用的所有机器学习算法都尝试一遍。通过反复试错，选择性能最好的那一个。

1.6 机器学习的过程

使用机器学习的“过程”在机器学习中的重要性仅亚于数据。一般来说，使用机器学习获得想要的结果需要付出很多时间和精力，必须经过数十次甚至数百次的反复试错才能完成模型，所以进行机器学习的过程对结果的质量具有绝对影响。错误的机器学习过程会严重降低工作效率，甚至会向着错误的方向展开。实际开始使用机器学习并慢慢积累经验的话，就会发现算法和训练在整个过程中占据的比例并不大，真正重要的部分在它们之外。

图 1-11 为机器学习的过程。

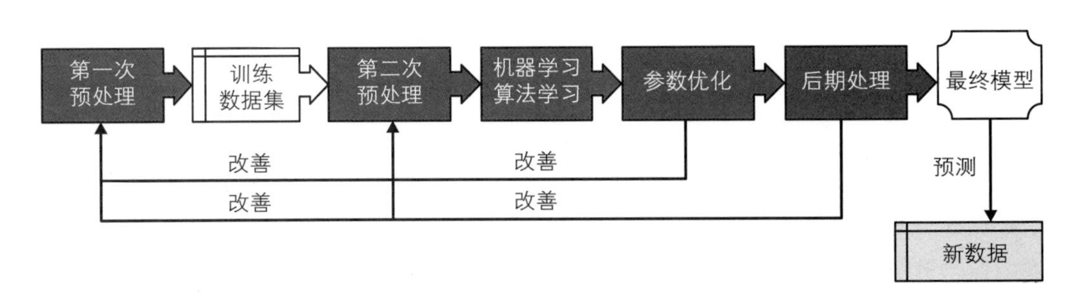

图 1-11 机器学习的过程

各过程归纳如下。

1.6.1 第一次预处理

- 准备机器学习过程中使用的数据——训练数据集。

- 选择训练中将要使用的数据，查看是否有遗漏数据，处理会给数据带来偏差的离群值数据。根据需要进行标准化等工作。

1.6.2　训练数据集

- 创建训练中要使用的数据，按照固定形态在监督学习中生成输入和输出数据，在无监督学习中生成输入数据。

1.6.3　第二次预处理

- 从训练数据集中选择用于训练的变量，这一过程称为特征选择，它对训练影响巨大。
- 根据数据特性或想要使用的算法，可在一定范围内对数据进行特征缩放等转换。
- 该过程的目的是通过创建数据，在想要使用的算法中进行简单优质的训练。

1.6.4　机器学习算法学习

- 使用已选择的机器学习算法和已经准备好的训练数据集进行学习，这一过程通过程序进行，基本不需要人工介入。

1.6.5　参数优化

- 在已选择的机器学习算法中，调整可以代入的参数值，提高结果质量。
- 根据人工调整的参数值，把握训练结果的质量，寻找最优参数或者使用网格搜索，在机器学习程序中独立寻找最优值。

1.6.6　后期处理

- 这一过程的主要目的是对训练结果进行质量评价。

- 大部分机器学习不会只适用一种算法或一种模型，所以该过程评价诸多模型和算法中哪一个能够带来最优的结果、各算法对给定问题会如何反应。

1.6.7 最终模型

- 将最后完成的模型应用于实际数据，而非用于训练数据集。

如图 1-11 所示，得到想要的结果之前，参数优化和后期处理过程会不停地返回到第一次预处理或第二次预处理过程。

利用机器学习解决问题基本上与利用“黑箱”类似。在所有状态中，给定数据的因变量和自变量之间的关系都会交给机器学习算法，由它确定相互关系，所以开发者仅能知道结果，很难了解其中的过程。因此，开发者必须通过加工数据、调整参数或特征选择，查看训练结果的质量是否达到想要的标准。模型完成的过程是未知且无法干涉的，所以需要持续运行机器学习的过程，通过反复试错不断重复和改善。

1.7 “没有免费的午餐”定理

“没有免费的午餐”定理是 David Wolpert 和 William Macready 在 1997 年发表的论文[①]中提出的理论，为机器学习的使用带来了重要启示。

论文中写有如下内容：

“We have dubbed the associated results ‘No Free Lunch’ theorems because they demonstrate that if an algorithm performs well on a certain class of problems then it necessarily pays for that with degraded performance on the set of all remaining problems.（简单来说，‘没

① 出处：Wolpert, D.H., Macready, W.G (1997), No Free Lunch Theorems for Optimization, *IEEE Transactions on Evolutionary Computation* 1,67. http:// ti.arc.nasa.gov/m/profile/dhw/papers/78.pdf

有免费的午餐'定理从数学上证明了，一种算法只是针对某一问题来说是最好的，无法适用于其他问题。)"

图 1-12 直观展现了“没有免费的午餐”定理。

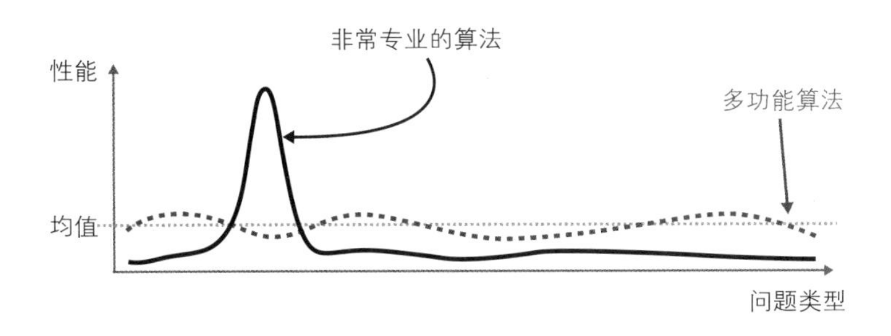

图 1-12 “没有免费的午餐”定理[①]

就像“优化”本身的含义一样，如果它对特定问题来说是最优的，那么当然不能在其他问题中也呈现好的结果。但是使用机器学习时，我们希望经常发生的失误只集中于一个机器学习程序。

例如，为了对 Iris 花品种数据进行分类，而在优化的机器学习模型中放入 5 个品种的数据，就像“没有免费的午餐”定理中强调的一样，这只是做无用功。因为它是 3 个品种的优化模型，而非 5 个品种的优化模型。在这种情况下，重新定义问题，并将模型优化以分类 5 种 Iris 花数据，才是正确的选择。

机器学习在训练数据集中分析因变量和自变量的关系，并以此为基础构建模型，所以模型完全隶属于训练数据集。因此，不论何时都要好好定义想要解决的问题，仔细选择相关数据，利用机器学习实现优化。

① 出处：http://ecmedenhall.blogspot.kr/2006_02_01_archive.html

第二部分

第 2 章 统计

本章通过代码讲解统计的主要概念，对所需环境、如何获得代码中需要使用的数据等展开讨论，之后实际编写代码。

2.1 统计的定义

统计学是构建、概括、解释数据时所需的数学理论和方法。如果数据大小超过一定标准，那么理解数据的性质和特点时，就会遇到困难，因为我们不能仅通过查看给定数据的值把握整体数据的形态或结构。为了把握、分析和表现均值、中位数、最大值 / 最小值、方差、标准差、分布等数据的形态和特征，统计学提供了各种各样的理论和工具。

统计学中，分析数据时使用的方法有描述统计和推论统计。

描述统计主要用于把握数据的整体形态，不用查看全部数据，只需通过均值、最大值 / 最小值、标准差等就能够轻松把握数据的整体情况。

推论统计通过部分数据推断整体数据的形态。例如，假设我们想知道全国男性的体重统计值。从现实来看，测量全国男性的体重并非易事。 因此，人们通常会选择并测量部分男性的体重，以推测全国男性的数据。这就是推论统计。

描述统计和推论统计存在互补关系，描述统计的重点在于对数据整体情况的概括，而推论统计则通过一定数量的数据把握全体数据的情况。

2.2 统计在机器学习中的重要性

客观地说，开发机器学习程序时，即使完全不懂统计也不成问题。对于大多数机器学习算法，只要提供合适的数据、制定合适的参数并开始训练，就能够找到模型。因此，开发机器学习程序的过程是，先在机器学习程序中输入训练的输入 / 输出数据，然后进行训练，之后在已经完成训练的机器学习程序中放入输入数据并灵活运用。如果不担心结果值的质量，即准确度如何，也不关注如何提高性能，那么统计并不重要。

先回忆一下第 1 章讲解的机器学习过程。使用机器学习需要经历预处理、训练、后期处理等过程，这些过程在很大程度上决定着机器学习的质量。决定机器学习算法性能的绝对因素是训练数据集，而非想要使用的算法。如果训练数据集很差，那么即使拥有优质的算法，性能也会很差。反之，如果训练数据集质量很好，那么即使算法不如其他算法出色，也能够呈现优秀的性能。

绝对不能打破“无用输入，无用输出”原则！

在机器学习的过程中，与机器学习算法无直接关联的步骤——预处理和后期处理——是处理数据的过程。补全缺失数据、删除离群值或者用合适的值代替、在自变量中进行选择等过程，比机器学习算法更加重要，这些过程需要人工完成。

有效进行这些过程的前提就是统计。比如想消除离群值，需要为离群值给出明确的定义。应该将是均值 3 倍以上或小于均值 1/3 的值定为离群值，或者将值在 1000 以上的数据都视为离群值。在机器学习算法的训练过程中，离群值会导致加权值不准确，这不是能够简单决定的问题，需要我们进行正确的判断。

利用描述统计能够轻易地解决离群值问题。利用数据分布图，将被视为离群值的值与均值、方差、标准差等进行比较，就能够知道这些值拥有什么特征、在全部数据中占据多少比例等。如果获得了某一结果，在判断该结果值是否有意义的时候，统计同样会起到十分重要的作用。

像这样，处理数据时可以灵活使用统计学的知识和方法，所以它和机器学习是密不可分的。统计中的许多知识并不需要全部理解，但是有必要熟练掌握核心概念和公式。

2.3 统计的基本概念和术语

2.3.1 总体和样本

想要用机器学习解决某个问题时，是否拥有与训练数据集想要解决的问题相关的全部或者部分数据，会对性能产生必然的影响。从常理来看，使用全部数据呈现的性能必然优于部分数据。

如图 2-1 所示，统计中对数据的范围有明确区分，关注的问题和有关的全部集合称为“总体”，从全部数据中提取的部分集合是“样本”。例如，如果要测量全国男性的体重，那么总体是“全国男性”，样本是“为了测量体重而选择的部分男性”。

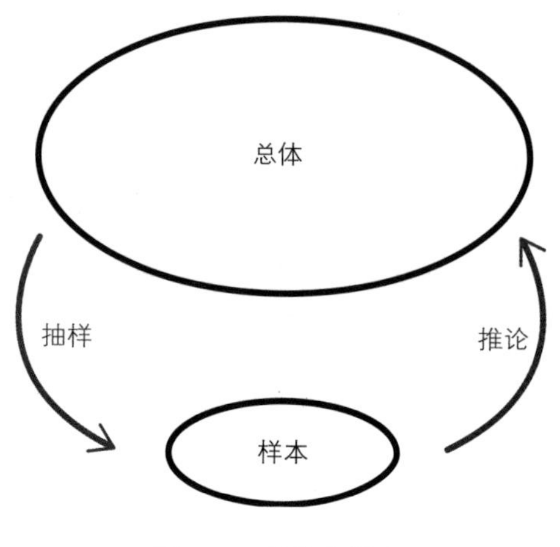

图 2-1 总体和样本

2.3.2 参数和统计量

逐个观察并把握数据是很难的，所以人们谈论大多数数据时，一般会利用均值和标准差等值对数据特征进行说明。这些值可以在短时间内估算数据情况，所以得到广泛应用。

但是，使用均值和标准差时，必须明确该数据来自总体还是出自样本。因为即使都是均值，总体的均值和样本的均值也必然是不同的。总体的均值虽然可以被认定为均值，但样本的均值很有可能与提取该样本的总体的均值不同。

从总体获得数据后，呈现这些数据特征的指标——均值和方差等——称为“参数”，而从样本中获得的这些指标称为“统计量”，如图 2-2 所示。数据来源有着重要的意义，使用时必须对参数和统计量加以区分。

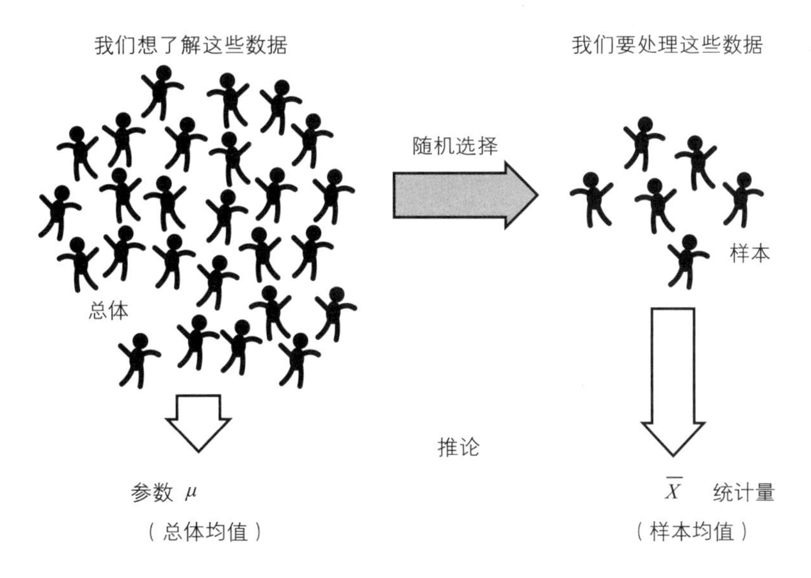

图 2-2　参数与统计量

我们通过计算全国男性的平均体重来讲解参数和统计量。如果说总体的均值为 60 kg，因其是从相关域的全部集合中获得的均值，所以 60 kg 是参数。那么，从样本中获得的均值——统计量也会是 60 kg 吗？

这个结论可能成立，也可能不成立。比如，为了创建标本而选择的 40 名男性大多数在 10 岁以下的话，那么从样本中获得的均值会远远小于 60 kg。反之，如果身高在 180 cm 以上的人占多数，那么样本均值会远远大于 60 kg。

像这样，参数和统计量可能存在差异，所以使用时必须注意区分。

2.3.3　抽样误差

抽样误差是总体和样本差异导致的。收集所有数据并形成总体会耗费大量成本和时间，所以人们通常选择使用样本。创建样本前，要从抽样（从总体中选择数据的过程）中选择能够代表总体的对象，但这在现实中是很难实现的。即使付出再多努力、使用再智能的抽样方法，样本和总体的全部特征也不能 100% 一致。

例如，如图 2-3 所示，为了计算全国男性的平均体重，随机选择 40 人和 100 人作为样本 1 和样本 2。计算这两个样本的平均体重就会发现，由于存在抽样误差，算出来的值不一定是总体的平均体重 60 kg，可能出现 65 kg 或 57 kg。

如果不使用总体而使用样本，抽样误差会一直存在，所以必须牢记，要谨慎使用数据。机器学习中使用的所有训练数据集能否切实反映总体，需要对此进行验证。

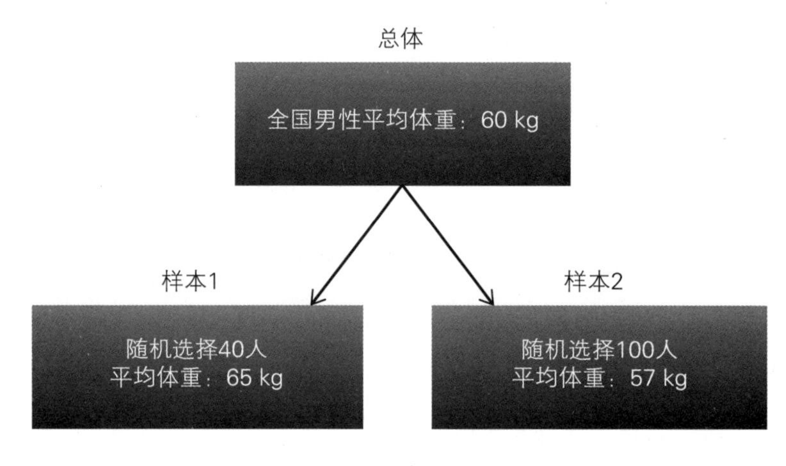

图 2-3　抽样误差

2.3.4　因变量和自变量

因变量用于把握某一特定目的的结果，又称反应变量、测定变量、被预测变量、被解释变量、输出变量等。自变量又称预测变量、特征、输入变量、解释变量等。比如，房价根据房屋面积大小浮动时，房屋面积是自变量，房价是因变量。

2.3.5　连续变量和离散变量

根据想要进行统计处理的值的特征，变量又可分为连续变量和离散变量，我们要明确理解这两个概念。即使符号是数字，该数字是连续变量还是离散变量会导致完全不同的情况，所以适用的理论和方法也不同。

连续变量可以用实数表示，其最重要的特征是，在一定范围内允许的值是“不可数的”，故而得此命名。比如，假设数据是 0~100 的实数，实数是 1.01,1.001,1.0001,1.000001… 持续不断的数值，所以 0~100 的值是不可数的。

离散变量的特征与连续变量相反。连续变量不可数，而离散变量是“可数的”。例如，如果数据是 0~100 的自然数，因为自然数不包括小数，所以 0~100 只能存在 0,1,2,3,4,⋯ ,100 等共 101 个值。

图 2-4 展示了连续变量和离散变量的特征。

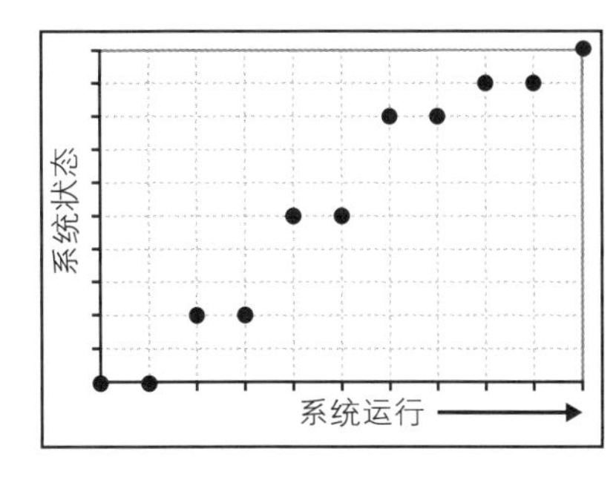

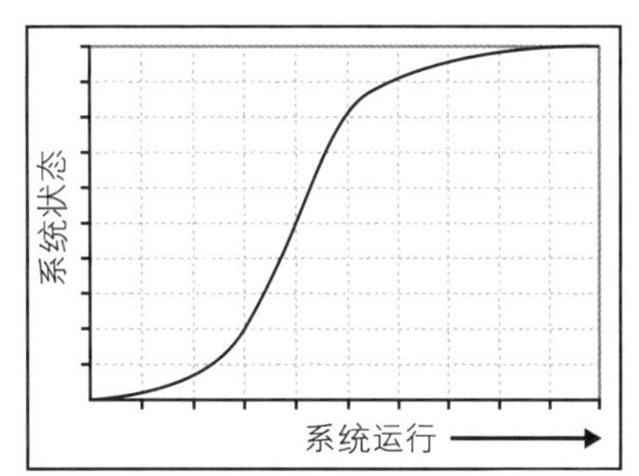

图 2-4　离散变量和连续变量

查看数据时，必须明确其是离散变量还是连续变量，因为要根据种类选择合适的方法。例如，如果想要掌握概率分布，那么在连续变量中要使用概率密度函数；如果是离散变量，则要使用概率质量函数。

不清楚自变量是离散变量还是连续变量，使用了错误方法的案例比比皆是，大家要格外注意。

2.3.6　模型

我们会出于多种目的使用数据，分类垃圾邮件、预测股票价格、预计农产品产量等，数据可以提供我们生活中需要的信息与服务。除此之外还有很多目的，但是从本质上讲，通过数据理解对象是所有事情的开端。

模型是说明对象时使用的表达方式。比如，如果想预测房屋面积和房价，可以将 Y 设为房价、X 设为房屋面积，二者关系可以用如下模型表现：

$$Y = aX + b$$

该模型说明房价和面积成正比。如果通过统计检验能够验证该模型是正确的，那么即使只知道住房面积，也能通过该模型算出房价。比如，给定数据是 60~80m^2 的住房面积和房价，现在想知道 120m^2 房子的房价。首先创建住房面积和房价关系模型，然后用现有数据进行训练，找出完成模型时所需的 a 和 b 值。完成模型后，为了预测 120m^2 房屋的价格，需要在 X 处输入 120，然后求 Y 的值，这个值就是该房屋对应的价格。

模型能够呈现自变量生成因变量的过程，所以不仅能够帮助我们更好地理解问题，还有助于我们整理和改进思路。

2.4 准备事项

实操所需环境如下所示。

- **语言：**Python 2.7
- **库：**pandas、Numpy、SciPy、matplotlib
- **操作系统：**支持 Python 的操作系统

Python 可以在 Windows、OS X、Linux 等几乎所有操作系统中运行，因此，只要根据自己的操作环境安装 Python 和库，就已基本完成实操准备。以后要使用的 pandas、Numpy、SciPy 等库的安装可能比较难，所以也可以使用 Anaconda 等专用安装程序。

2.5 数据下载

本书内容与算法交易有关，实操时当然要使用股价数据（下载自“雅虎财经”）。pandas 提供的功能可以帮你从“雅虎财经”下载股价数据，只需简单的代码就能轻松获取。

使用方法也十分简单，只要输入希望收集数据的日期和股票代码即可。由于本书将使用韩国企业的数据，所以在股价代码后添加了 .ks 后缀。比如，三星电子的股票代码是 005930，如果想通过“雅虎财经”获得股价数据，需要输入 005930.ks。

下面的 `download_stock_data()` 函数负责下载股价数据。

```
#-*- coding: utf-8 -*-
import pandas as pd
import pandas.io.data as web
import datetime

def download_stock_data(file_name,company_code,year1,month1,date1,year2,month2,date2):
    start = datetime.datetime(year1, month1, date1)
    end = datetime.datetime(year2, month2, date2)
    df = web.DataReader("%s.KS" % (company_code), "yahoo", start, end)

    df.to_pickle(file_name)

    return df
```

`download_stock_data()` 函数的参数如下所示。

- **file_name**：指定保存已下载股价数据的文件名。
- **company_code**：指定股票代码。
- **year1/month1/data1**：按照年、月、日的顺序输入下载数据的开始日期。
- **year2/month2/data2**：按照年、月、日的顺序输入下载数据的结束日期。

使用以下代码，通过 `download_stock_data()` 函数获取三星电子 2015 年 1 月 1 日～2015 年 11 月 30 日的股价。运行该代码后，生成保存股价数据的 samsung.data 文件。

```
download_stock_data('samsung.data','005930',2015,1,1,2015,11,30)
```

输出已下载的部分股价数据，如图 2–5 所示。

Date	Open	High	Low	Close	Volume	Adj Close
2015-11-02	1385000	1393000	1374000	1383000	386500	1383000
2015-11-03	1381000	1381000	1350000	1352000	301800	1352000
2015-11-04	1352000	1361000	1326000	1330000	281000	1330000
2015-11-05	1330000	1354000	1330000	1342000	173000	1342000
2015-11-06	1343000	1348000	1330000	1338000	164300	1338000
2015-11-09	1338000	1344000	1321000	1344000	185600	1344000
2015-11-10	1336000	1341000	1314000	1321000	197500	1321000
2015-11-11	1321000	1345000	1321000	1333000	140400	1333000
2015-11-12	1333000	1334000	1317000	1317000	157400	1317000
2015-11-13	1317000	1317000	1300000	1300000	177600	1300000
2015-11-16	1291000	1291000	1263000	1263000	275700	1263000
2015-11-17	1275000	1290000	1270000	1270000	186100	1270000
2015-11-18	1272000	1290000	1272000	1281000	167700	1281000
2015-11-19	1290000	1290000	1271000	1289000	192800	1289000

图 2–5 三星电子股价数据

画面顶部有 Open、High、Low、Close 等列名，其各自含义如下所示。

- **Open**：开盘价
- **High**：今日最高价
- **Low**：今日最低价
- **Close**：收盘价
- **Volume**：成交量
- **Adj Close**：对股票分割、分红、分配等进行考虑后调整的收盘价

“雅虎财经”提供的股价数据以天为单位，并不细致到时、分、秒等单位。

2.6 数据加载

我们前面使用 download_stock_data() 函数下载了股价数据，调用并使用这些数据的函数是 load_stock_data()。该函数读取保存为 pickle 文件的股价数据，并返回 pandas DataFrame。

```
def load_stock_data(file_name):
    df = pd.read_pickle(file_name)
    return df
```

本章之后使用的数据均通过 load_stock_data 调用。

2.7 基础统计

基础统计中有许多工具，都能帮助我们理解数据的整体情况。如果想使用股价数据和机器学习进行股票交易，首先要做的就是把握股价数据的特征。

仅靠股价数据很难得知整体股票市场的特征、感兴趣的公司股价情况等。利用最小值、最大值、均值、方差、直方图等工具，很容易就能知道数据范围、波动性、股票均价。

运行以下代码，看看三星电子股票的整体情况，结果如图 2-6 所示。pandas 中有 describe() 函数，所以不需要其他代码就能知道 DataFrame 中保存的数据的整体情况。

```
df = load_stock_data('samsung.data')
print df.describe()
```

	Open	High	Low	Close
count	238.000000	238.000000	238.000000	238.000000
mean	1301852.941176	1314323.529412	1288285.714286	1300966.386555
std	109294.744392	109067.742822	108619.542177	108850.490330
min	1068000.000000	1074000.000000	1033000.000000	1067000.000000
25%	1245000.000000	1260750.000000	1231250.000000	1252250.000000
50%	1315000.000000	1323500.000000	1300000.000000	1314000.000000
75%	1376500.000000	1390000.000000	1364000.000000	1376500.000000
max	1510000.000000	1510000.000000	1486000.000000	1503000.000000

图 2-6 运行结果

画面上的行的含义如下所示。

- **count**：数据个数
- **min**：数据中的最小值
- **max**：数据中的最大值
- **mean**：均值，指算术平均
- **std**：standard deviation 的缩写，指标准差。
- **25%, 50%, 75%**：四分位数

从 2015 年 1~11 月的三星电子股票收盘价数据可知，数据个数为 238，日最低价为 1 067 000 韩元（1000 韩元 ≈ 0.9 美元），日最高价为 1 503 000 韩元，均值为 1 300 966 韩元，标准差为 108 850，四分位数为 1 376 500。

2.7.1 标准差

标准差是测量数据分散程度时使用的重要概念，通过计算数据值和均值之间的距离，衡量数据值偏离均值的程度。标准差大，说明大部分数据离均值较远；反之，则意味着数据值离均值近。

比如，如果全国男性的平均体重为 50 kg，标准差为 20，那么就意味着大部分男性的体重为（50 kg – 20 kg =）30 kg ~（50 kg + 20 kg =）70 kg。

只需观察标准差值，就能够轻易知道全部数据的分布紧密还是稀疏。标准差的值越小，数据越密集；反之，数据越分散。标准差值为 0 则意味着所有数据的值相同，说明数据全部聚集在一个地方。而如果标准差无穷大，那么说明数据是分散开来的。

例如，比较图 2-7 和图 2-8 的三星电子和韩美药品的股价分布可以看出，标准差小的三星电子比标准差大的韩美药品更接近均值。三星电子股价的标准差为 109 294, 韩美药品的标准差为 186 015，韩美药品的股价分布比三星电子的股价分布更加稀疏。

标准差大也意味着数据波动大。

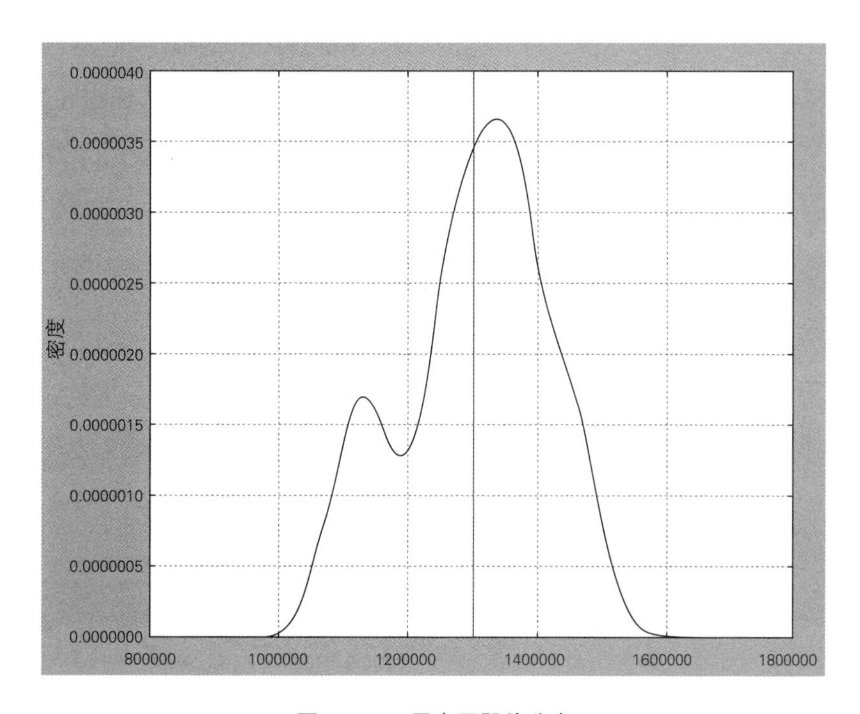

图 2-7　三星电子股价分布

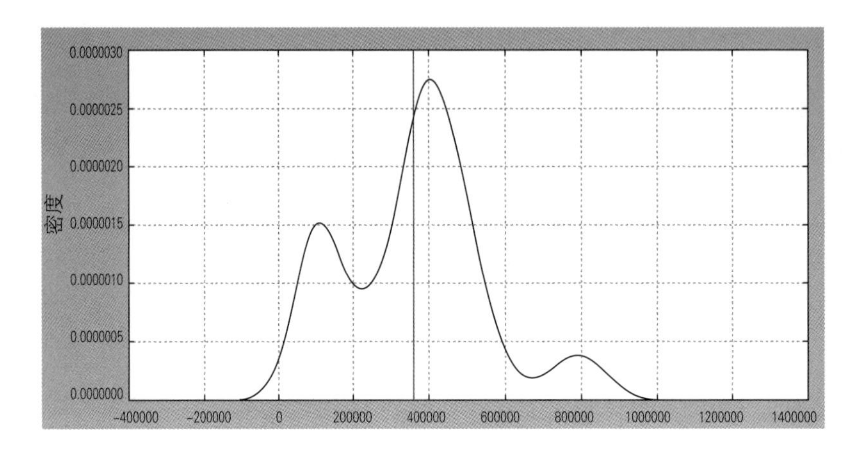

图 2–8 韩美药品股价分布

标准差还有一个重要意义，与概率有关。如图 2–9 所示，知道标准差值就能估测数据的分布程度。而从其他观点看，分布则意味着某个事件发生的频率。

如图 2–9 左图所示，标准差的值小，则分布密集，这意味着某个事件发生时，它与均值之间相差较小的概率很高。如右图所示，标准差的值大，那么意味着特定事件发生时，与均值相差较大的概率很高。

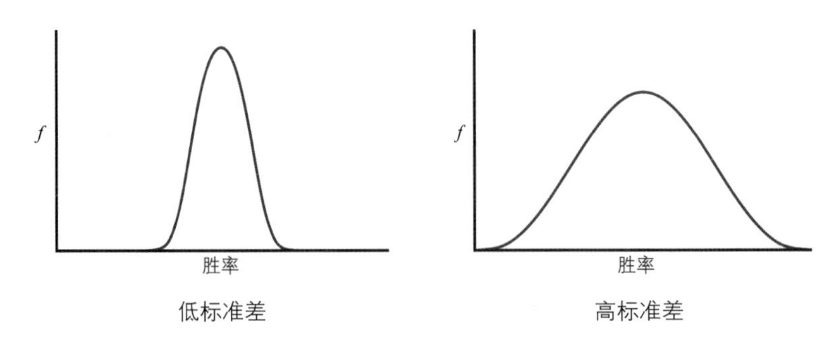

图 2–9 标准差

标准差计算公式如下：

$$标准差=\sqrt{方差}$$

从该公式可知，标准差是呈现数据分布程度的标准——方差的算术平方根。因此，如果想要彻底理解标准差，那么必须知道方差。

方差可以在分布中呈现数据的离散程度，表示数据是密集的还是分散的。详细来说，方差是说明数据和均值之间偏离程度的一种距离概念，与标准差类似。

方差公式如下所示：

$$方差=\frac{\Sigma(X-均值)^2}{大小}$$

（X – 均值）是特定值与均值之间的差，称为“偏差”。

图 2–10 表现了偏差的概念，1、–2、–3、4 等数据值和均值的差异（灰色虚线）就是偏差。

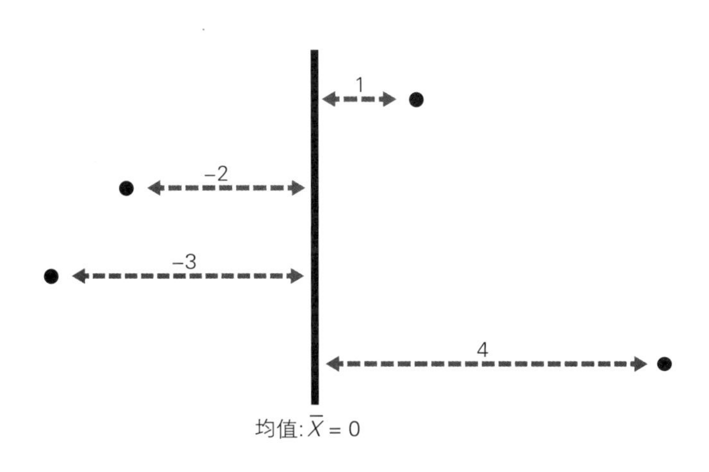

图 2–10 方差概念说明图

根据数据值的不同，偏差可能为负，但只有方差大于 0，开平方之后才能是正数。如前所述，从公式就能看出，方差和标准差是相似的概念，但是标准差比方差更常用。因为与方差不同，标准差和数据值使用相同的单位。

通过标准差能够知道数据值和均值的偏离程度，即能够把握值变化的程度。同时，它也是经常用于测量风险度、计算回报率等多个方面的重要指标，大家必须切实理解其概念。

2.7.2 四分位数

四分位数将数据分为相同大小的四等分，即处于三个分割点位置的值分别为 Q1（25%）、Q2（50%）、Q3（75%）。为了了解数据的变化程度，要使用最大值减去最小值得到的“间距”。

间距 = 最大值 – 最小值

例如，数据的最小值为 0，最大值是 100，间距就是 100 – 0 = 100。换言之，数据值能够变化的间距是 100。但是使用间距时，各部分数据的间距是不可知的。为了弥补这一点，四分位将全部区间分成 4 份来计算间距，这样就能得知数据的详细情况，如图 2–11 所示。

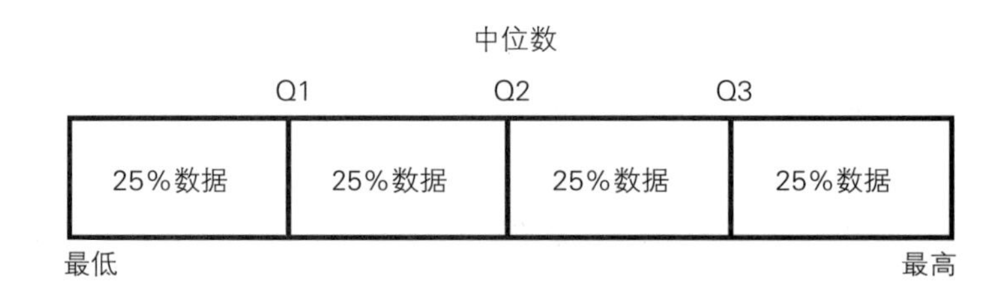

图 2–11　四分位数和数据分布

利用 pandas 的 `quantile()` 函数能够轻松计算四分位。以下为计算三星电子股价四分位的代码。

```
df = load_stock_data('samsung.data')
print df.quantile([.25,.5,.75])
```

运行结果如下所示。

```
      Open     High     Low      Close    Volume   Adj Close
0.25  1245000  1260750  1231250  1252250  169725   1252250.0000
0.50  1315000  1323500  1300000  1314000  206350   1312971.8100
0.75  1376500  1390000  1364000  1376500  273725   1375422.9025
```

四分位距

四分位距（IQR，interquartile range）是分布中除去低位的 25% 和高位的 25% 后，位于中间的 50% 的间距，如图 2-12 所示。四分位距的计算公式如下。

四分位距 = Q3 – Q1

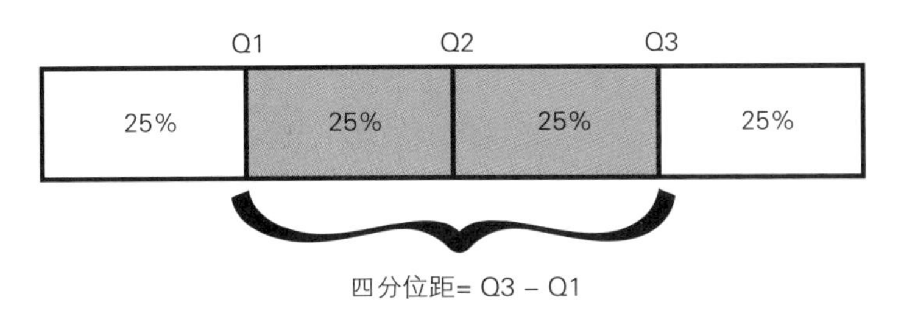

图 2-12　四分位距

四分位距位于全体分布的正中间，由此可以猜测大部分数据处于哪个范围。即使不看直方图，通过四分位数和四分位距也能快速直观地知道全部数据的分布情况。另外，它们能够呈现各区间数据的分布情况，十分常用。

2.7.3　直方图

直方图是掌握数据结构和模式时经常使用的方法之一，它以图表形式展现数据的分布。画直方图时，需要 Bin 和频率。Bin 指所有数据不重叠且按照一定大小分成的间距，频率指所选的 Bin 中的数据量。

假设要绘制 2015 年 1~11 月三星电子股价的直方图。以下代码使用 matplotlib 提供的 hist() 函数，绘制三星电子股价直方图，并标出 Bin 和频率。

```
df = load_stock_data('samsung.data')
(n, bins, patched) = plt.hist(df['Open'])
plt.axvline(df['Open'].mean(),color='red')
plt.show()
for index in range(len(n)):
   print "Bin : %0.f, Frequency = %0.f" % (bins[index],n[index])
```

运行结果如图 2-13 所示

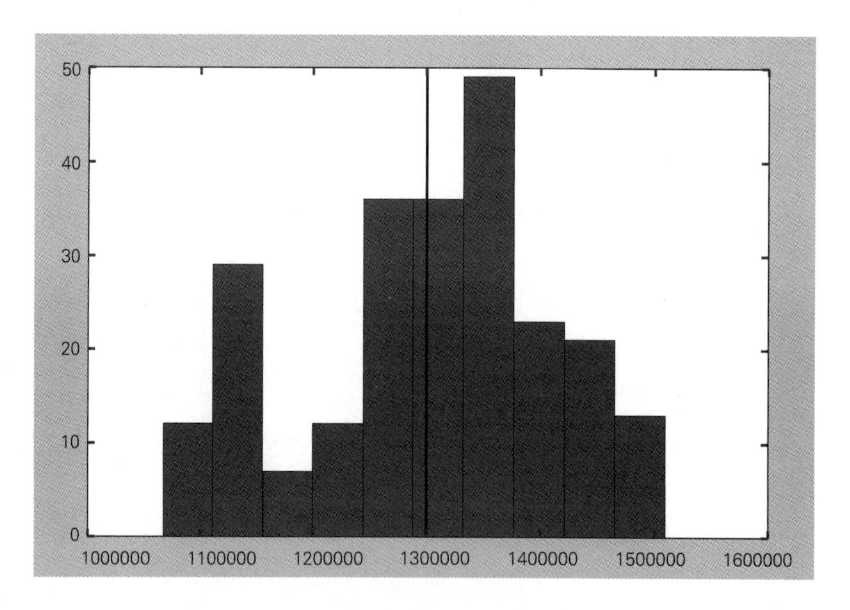

图 2-13 三星电子股价直方图

Bin 和频率的结果如下。

```
Bin : 1068000, Count = 12
Bin : 1112200, Count = 29
Bin : 1156400, Count = 7
Bin : 1200600, Count = 12
Bin : 1244800, Count = 36
Bin : 1289000, Count = 36
Bin : 1333200, Count = 49
Bin : 1377400, Count = 23
Bin : 1421600, Count = 21
Bin : 1465800, Count = 13
```

从图 2-13 和以上结果可知，三星电子的股价在 1 289 000 ~ 1 333 200 区间共有 49 次达到最大频率。

理解直方图

学习数据分布时，直方图提供了许多必要信息，主要条目如下所示。

- **集中趋势**：数据的分布是否以均值为中心？
- **Modes**：数据的分布是否多于一组？
- **Spread**：数据的离散程度如何？
- **Tail**：低位 25% 和高位 25% 的数据分布向下倾斜的程度是大还是小？
- **离群值**：分布图上是否存在例外值？

从图 2-13 可知，中间的粗线是均值，最大频率在均值所属的 Bin 之外产生，所以很难说数据分布是以均值为中心的，即"集中趋势不显著"。从直方图形状可知，以"Bin：11122000"和"Bin：1333200"为中心，共有两组。因此，很难确定 Spread 和 Tail，图表上也没有离群值。

2.7.4 正态分布

正态分布由表示数据中心的均值和表现数据密集程度的标准差决定，也称高斯分布，如图 2-14。均值为 0、标准差为 1 的正态分布称为标准正态分布。

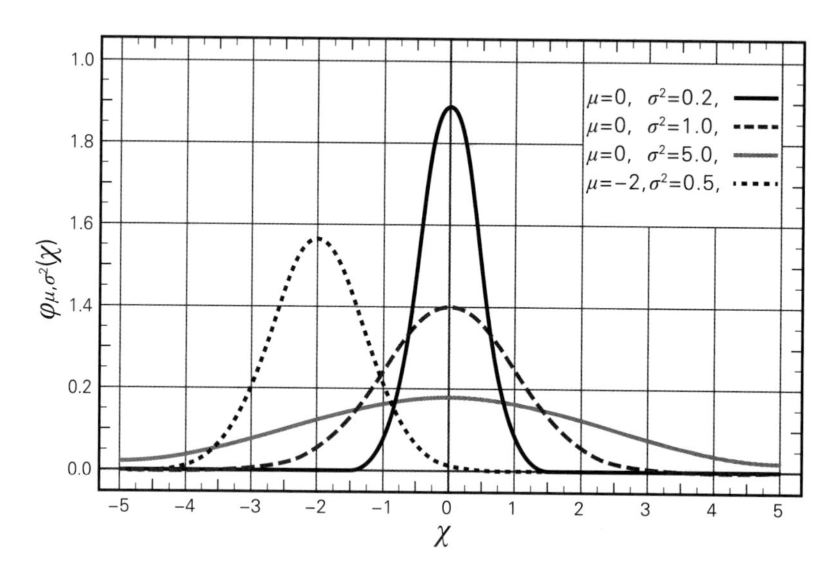

图 2-14 正态分布图[①]

正态分布是统计和概率中的重要概念，得到广泛应用。德国著名数学家高斯将正态分布视为：进行物理实验时发生的测量误差的概率分布。有趣的是，正态分布却广泛用于看上去与高斯的实验完全没有关系的社会学、经济学、心理学等诸多领域。人们对其格外青睐，甚至在不清楚分布的情况下还假设采用正态分布。

自然界中有很多正态分布，这是因为“中心极限定理”。中心极限定理指，如果 N 较大，那么拥有相同概率分布的自变量的均值就离正态分布更近。这是统计和概率中非常重要的定理。

图 2-15 是 N 值不断变大时正态分布的变化。

① 出处：https://goo.gl/BGGG83

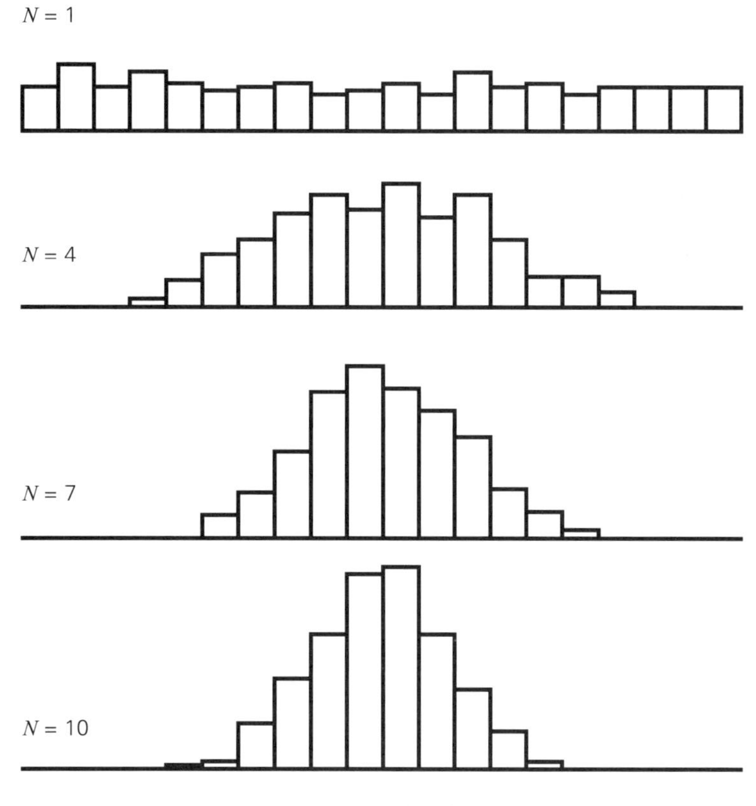

图 2-15　不同 N 值下的正态分布

正态分布经常在自然界中发生，但是不遵循正态分布的现象也同样存在。除正态分布之外，还有伯努利分布、几何分布、泊松分布、指数分布等多种类型。

只有清楚自己探讨的数据与哪种分布的趋势相似，才能应用正确的方法，所以使用前要慎重选择。

2.7.5 散点图

散点图在直角坐标系中绘制两个变量，它有助于我们把握变量之间的关系。观察散点图可以直观感受两个变量之间是否存在相关关系，如果有关系，是正相关还是负相关。

假如找到某种形态的线性模式，那么存在相关关系的可能性就非常大；反之，如果数据不规则地分散开来，那么可以说它们之间不存在线性的相关关系。

图 2–16 是用散点图呈现的相关关系典型示例。

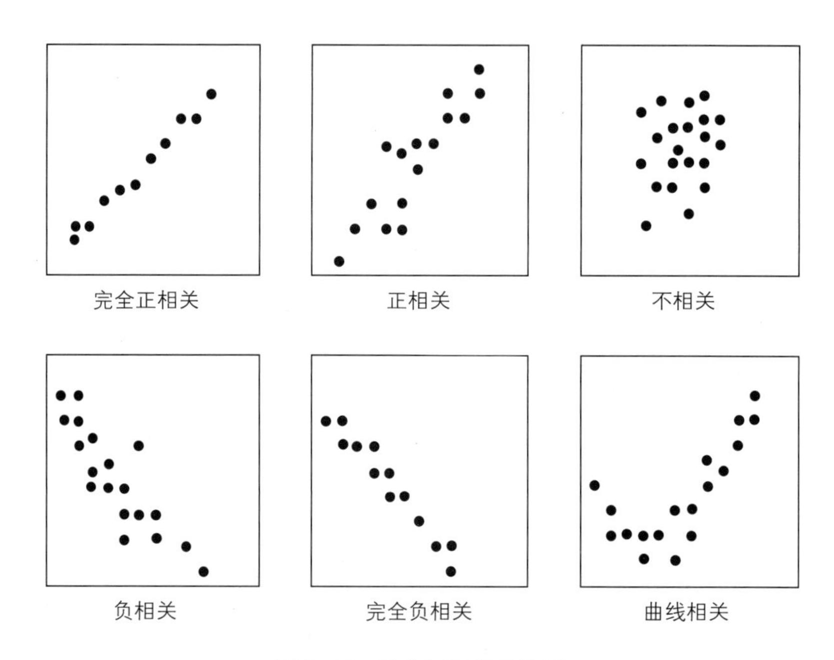

图 2–16 散点图和相关关系

解释散点图时有一点要注意：散点图呈现完全正相关的相关关系时，并不能说两个变量之间存在某种因果关系。因为两者可能并没有特殊的关系，只是偶然在图表上呈现出相关，或者两个变量都依靠其他变量才构成相关关系。

例如，将三星电子和韩美药品的股价绘制为散点图后，如果两者之间呈现正相关，那么可能是因为绘制散点图时选择的时间偶然构成了相关关系。如果相关关系保持了很长时间，那么也可以说存在相关关系，但很难只用散点图判断是三星电子股价还是韩美药品股价导致的。

散点图矩阵

散点图一般表现两个变量的值，即使有多个变量，也要将变量两两分组后再绘制。机器学习中使用的变量基本都是数十个，逐一指定然后绘制所有变量的散点图未免太过麻烦。

pandas 中提供 scatter_matrix() 函数，可以一次性绘制多个变量的散点图，十分方便。

前面获取的三星电子股价数据共有 6 个变量。下面用 scatter_matrix() 函数绘制这些变量中与价格相关的开盘价、最高价、最低价、收盘价等变量之间的相关关系。

```
from pandas.tools.plotting import scatter_matrix
df = load_stock_data('samsung.data')
scatter_matrix(df[['Open','High','Low','Close']], alpha=0.2, figsize=(6, 6),
diagonal='kde')
plt.show()
```

运行结果如图 2-17 所示。

由图可知，Open、High、Low、Close 这 4 个变量的模式清楚明了，构成了完全正相关的相关关系。如果想知道 Open 变量和 Close 变量的相关关系，可以从画面左侧 Y 轴找到 Close，从画面底部 X 轴找到 Open，得出的图表就是 Open 和 Close 变量的散点图。以这种方式也能得知其他变量的散点图。

画面中以对角线形式出现的分布是各变量的分布图，Y 轴最上方 Open 变量旁边的图表就是 Open 变量的分布图，详细来说就是核密度估计图表。

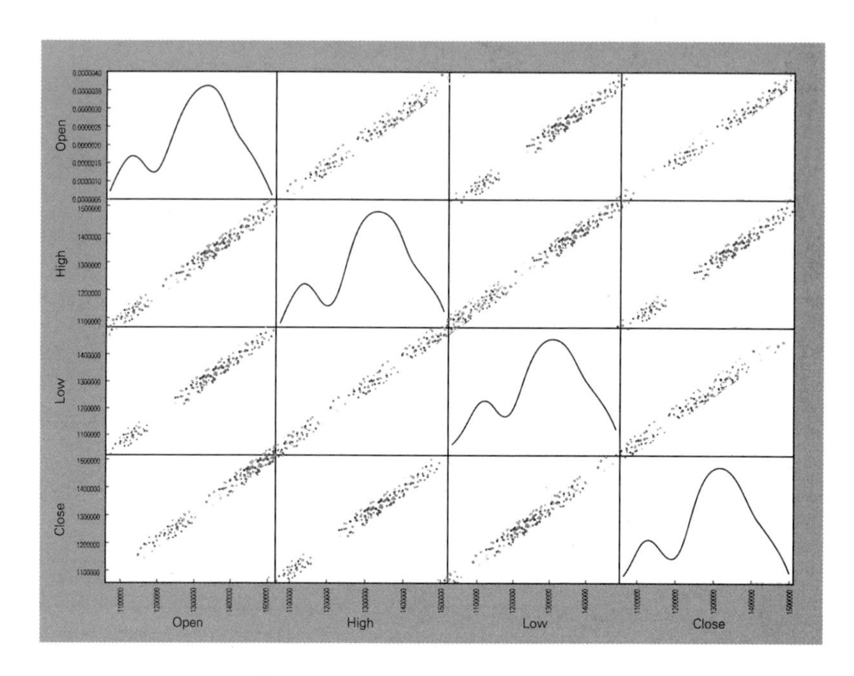

图 2-17　三星电子股价散点图矩阵

核密度估计通过核函数估计某个变量的分布特征，能够估计某个变量可以拥有的值的范围和拥有相关值的概率。

2.7.6　箱形图

箱形图可以清楚地展现中位数、均值、四分位数、离群值等，常用于把握数据的整体情况。首先通过图 2-18 观察箱形图的构成。

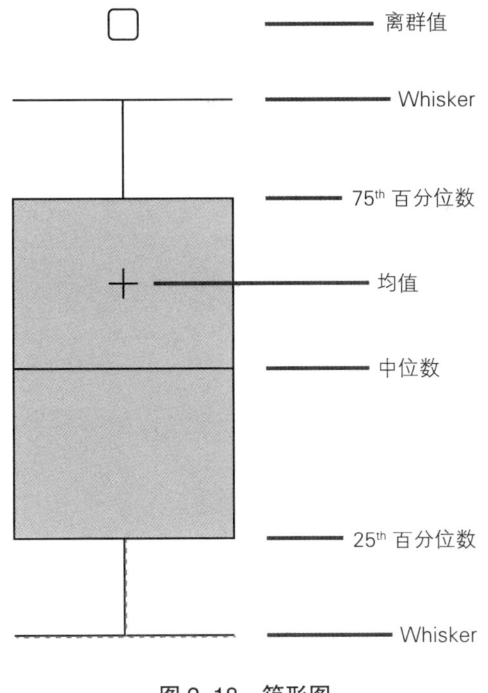

图 2-18 箱形图

箱形图由 5 部分组成。

- **离群值**：不属于两端 Whisker 的值，不是普通的数据值。
- **Whisker**：底部的 Whisker 是用 Q1 – 1.5 × IQR、顶部的 Whisker 是用 Q1 + 1.5 × IQR 计算的值。
- **Mean**：均值。
- **Median**：中位数。
- **Quartile**：25th 百分位数是四分位数 Q1，75th 百分位数是 Q3。

pandas 支持箱形图，绘制起来非常简单。比如，想绘制除交易额变量之外的三星电子股价箱形图，可以输入如下代码。

```
df = load_stock_data('samsung.data')
df[['Open','High','Low','Close','Adj Close']].plot(kind='box')
plt.show()
```

运行结果如图 2-19 所示。

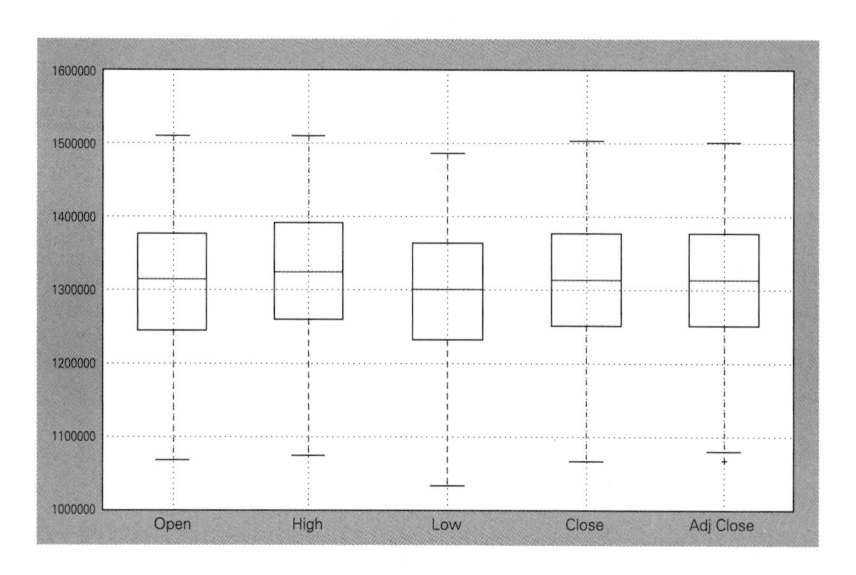

图 2-19　三星电子股价箱形图

由图可知，Low 变量的值大体低于其他变量，Close 变量和 Adj Close 的中位数与 Q1、Q3 基本相同，所有变量都没有离群值。

箱形图和分布

箱形图也经常用于估测数据的分布。从箱形图构成要素可知，箱子的大小由四分位数 Q1 和 Q3 决定，因此代表了能够说明全部数据中 50% 分布的 IQR。盒子中的灰线是中位数，如果假设它是正态分布的，那么两个 Whisker 则表示剩下的高位和低位的 24.65%。因此，盒子大小和 Whisker 的长度能够估测分布图。

图 2-20 展示了正态分布假设下的箱形图和分布，直观展现了前文中的概念。

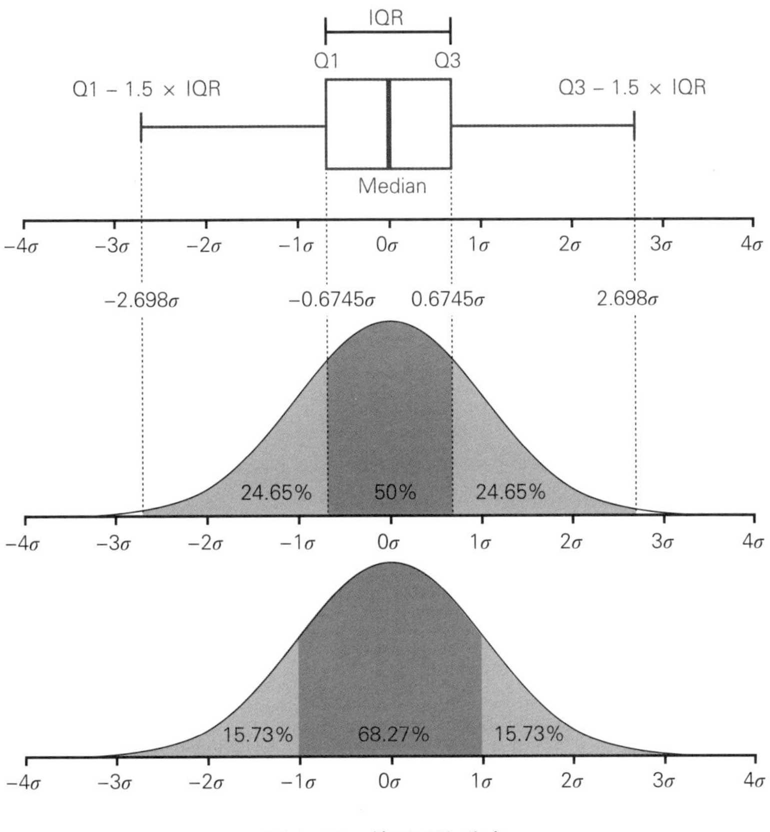

图 2-20 箱形图和分布

第3章
时间序列数据

进行算法交易前，需要创建能够良好呈现股价数据波动的模型。创建出来的模型不仅应该包含影响股价波动的各种因素，而且应该用数学形式记录这些因素之间的关系。这种数学模型的质量决定着股价预测的准确度，所以创建优质模型是算法交易成功的重要因素。

但是，要想创建能够适用于算法交易的数学模型，需要投入许多时间、精力以及高端人才，并非易事。从这一层面看，机器学习不需要人工亲自创建模型，自然在算法交易中拥有很大的优势。机器学习选择合适的数据和算法运行，通过无数计算，可以独立完成算法内的模型，所以能够节省精力和成本。但是在金融界，“黑箱”[①]这一特点使得机器学习至今没有得到广泛应用。一般情况下，人们会以既有的数学模型为主，机器学习为辅。

① 传统软件编程使用布尔逻辑，可以通过测试确定软件是否按设计执行；而机器学习编程则是一个“黑箱”（black box），计算机自己处理数据，而且数据“一动则全动”，无法使用传统的测试方法进行验证。人们可以训练人工智能和机器人完成任务，但整个过程在“黑箱”中运作，我们并不知道它们如何决策。有专家认为，现在的机器学习系统并不是完全安全可靠的，这不仅因为我们无从得知“黑箱”里发生的事情，还因为用人类生成的数据训练机器时，难免会把人类的偏见和固有缺陷也教给机器。——编者注

如第 2 章所述，机器学习并不是能够解决一切问题的魔法箱。如果没有任何思路就将已有的全部数据都放入机器学习，那么查看结果之后也不会产生任何头绪。我想再次强调，在机器学习中也要坚持“无用输入，无用输出”的原则，绝不动摇。尤其是在处理股价等金融时间序列数据时，即使选择使用机器学习，也不要全部依赖于它，而应当同时使用一定标准以上的数学模型。

创建模型时，最先要明白哪些数据是可以保证的，要先把握数据内变量之间的关系、时间带来的变化。如果使用自相关性或自协方差等方法，那么弄清楚值是如何随着时间的流逝而产生影响的、由此得到的结果是如何变化的，会更有帮助。

通过这些分析讨论并探求变量之间的关系以及时间序列数据的整体结构之后，可以加深对数据的理解，从而创建能够提高预测准确度的模型。本章将介绍此过程中所需的概念和方法。

3.1 时间序列数据

时间序列数据是以一定时间间隔测量的、按顺序排列的数据。换言之，值随时间的变化而变化的数据就是时间序列数据，比如股价、气温、商品销售量、汇率等。

时间序列数据呈现变量是如何随着时间而变化的，数据中有顺序，其值是持续变化的。也就是说，时间序列数据呈现依时间而变化的值，即自变量与因变量之间的关系如图 3-1 所示。

如果不是时间序列数据，那么在进行处理时，可以改变数据的顺序，或者根据需要再次排序。但是，时间序列数据是随着时间的变化而变化的量，所以使用时不能颠倒顺序或者随机抽取。此外，因为要测量不同时间下因变量的变化量，所以必须按照一定的间隔进行测量。收集时间序列数据时，一定要用同样的条件和方法进行测量，从而保证推测数据的客观性。举例来说，即使使用的是同一个测量方法，但是测量时间不规律，

比如根据不同情况而间隔 1 分钟、5 分钟、10 分钟等，就会破坏数据的客观性。

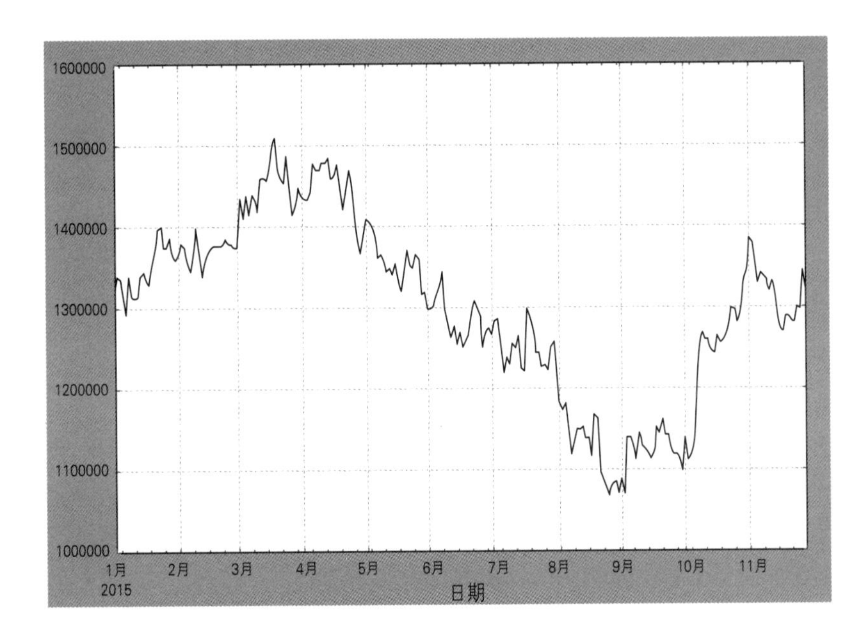

图 3-1 时间序列数据示例（三星电子股价）

3.2 时间序列数据分析

把握时间序列数据的模式、找出对模式影响较大的因素等操作称为“时间序列数据分析”。本书的目标是算法交易，它处理的是时间序列数据，即股价数据。因此，时间序列数据分析是十分重要的部分，之后要构建的算法交易模型同样要适用该时间序列数据模型。

时间序列数据分析的主要目的如下所示：

- 找出对时间序列数据模式影响较大的因素；
- 分析过去的数据如何影响未来的发展趋势；
- 预测未来的数据。

本书中，分析时间序列数据的最终目的是预测未来的数据。为此，需要找出时间序列数据变化的模式，提取影响该模式的因素，创建模型以确立因素之间的关系。因此，时间序列数据分析最重要的目的是找出创建模型时所需的模式和因素。

3.3 时间序列数据的主要特征

处理时间序列数据时，重要的是要知道自己处理的数据拥有哪些时间序列的特征。很多数学家通过努力已经开发出了许多模型，而且还在不断开发，如果能够切实掌握所关注的时间序列数据的特征，那么适用与其相符的模型就可以得到优质的结果。比如，如果数据在周末和工作日拥有不同模式，那么可以说其中存在“季节性”。如果这种特征是确定存在的，那么可以应用 Seasonal ARIMA 等已经过验证的模型。

各位需要记住以下时间序列数据的特征。

- **趋势**：测量值是否具备会根据时间变化而增加、减小或者反复等的一定模式或倾向？
- **季节性**：是否存在根据日、月、季度、年等一定时间持续反复的模式？
- **离群值**：能否观测到与其他值分离的离群值？
- **长期周期性**：除季节性之外，是否还存在能够长时间反复的模式？
- **平稳性方差**：测量值在一定标准之内波动还是随机波动？
- **突变**：是否存在剧烈波动的数据？

从时间序列数据的特征中可知，数据的范围同样十分重要。因为即使数据相同，范围不同也可能导致未必呈现一定的模式。

图 3-2 是 2015 年 1 ~ 11 月的三星电子股价，以其中用灰线表示的均值为基准上下波动。从图中可知，1 ~ 4 月为上涨，4 ~ 9 月下跌，从 10 月起再次呈上涨态势，均值为 1 301 852，Q1 是 1 245 000，Q3 是 1 376 500，波动幅度并不大。2015 年三星电子第一季

度的业绩发布日期为 4 月 29 日，第二季度为 7 月 7 日，从股价图可知，4 月以后股价是下降的，7 月以后下降幅度变大，所以可以判断存在季节性。

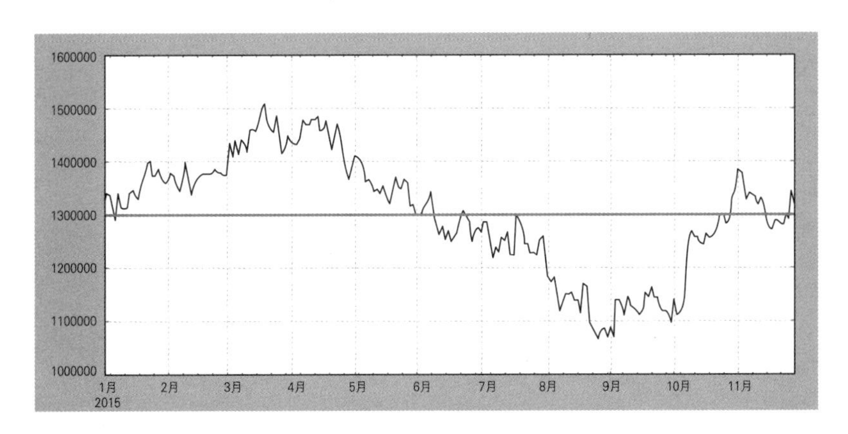

图 3-2　三星电子股价（2015 年 1 ~ 11 月）

图 3-3 为三星电子 2010 ~ 2015 年的股价图，情况与 2015 年不同。图中，2012 年前后股价大幅上涨，之后则稳定地有涨有落，高于 2010 年 ~ 2015 年的均值 1 165 100。两幅图呈现出完全不同的模式。

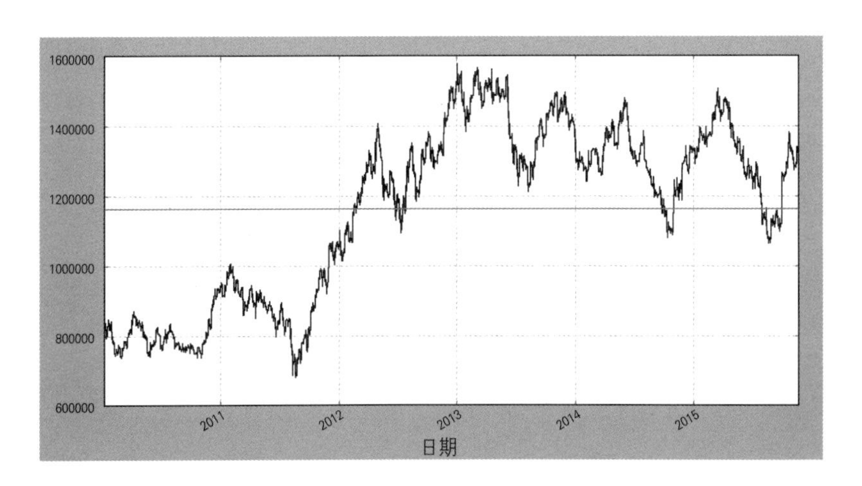

图 3-3　三星电子股价（2010 ~ 2015 年）

由图 3–2 和图 3–3 可知，如果数据范围不同，那么即使是相同的数据，模式和趋势也会完全不同，分析时要格外注意。

3.4 随机过程

人们通常将一组随机变量定义为随机过程。随机变量是随着时间而变化的值，如其名所示，没有特定值，也没有一定的模式，所以也可以将随机过程视为随时间变化而变化的概率分布。

随机过程的相反概念是确定性过程，顾名思义，一切都已经确定。确定性过程对时间的变化拥有固定的值，而随机过程则是随机决定的，所以时间变化带来的值的变化是不固定的。随机过程的代表性案例有不按规则波动的股价和汇率等，如图 3–4 的股价图。

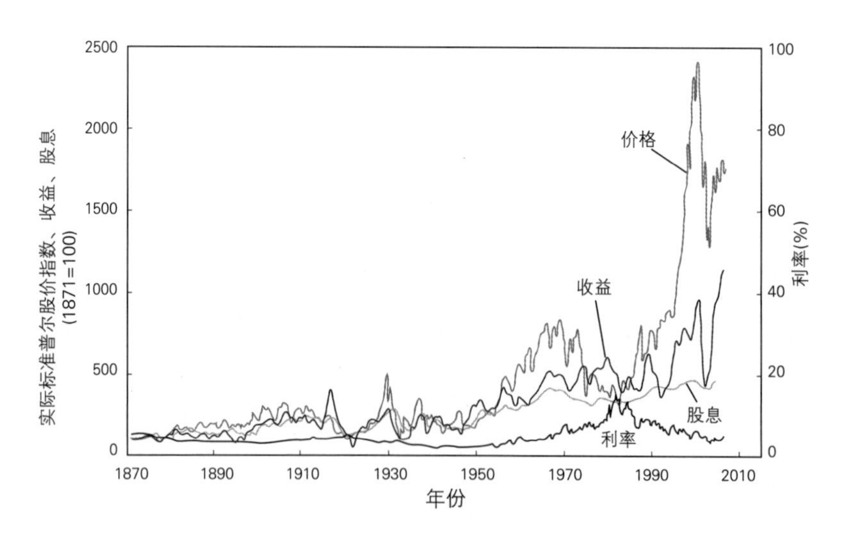

图 3–4 股价图[①]

① 出处：By FROTHY , CC BY-SA 4.0-3.0-2.5-2.0-1.0, https://goo.gl/qlf0tl

3.5 平稳时间序列数据

平稳性指均值和方差等统计特征在相对时间内保持了一定的特性，拥有这些特征的随机过程称为平稳过程。平稳过程能够说明我们现实世界中产生的诸多数据，是广泛应用于自然科学、工程学、社会科学等领域的重要概念。

图 3-5 比较了平稳时间序列数据和非平稳时间序列数据。第一个图表中数据虽然有所增减，但是呈现出以均值 0 为基准上下波动的模式，数据的波动范围为 +5 ~ −5，并没有超过固定的标准；第二个图表中的数据并未以均值为中心波动，波动幅度也不固定，很难找到与第一幅图相似的特性。

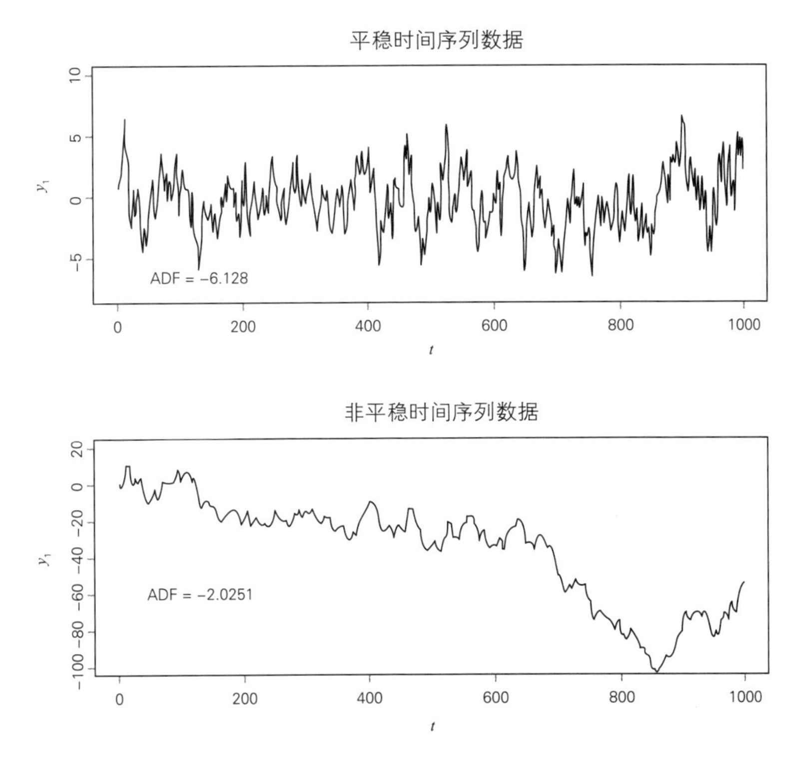

图 3-5 平稳时间序列数据与非平稳时间序列数据

如果要处理的数据是平稳时间序列数据，那就十分幸运了。因为数据不是随机波动的，而是根据一定的统计特征波动，所以可以使用已知的时间序列数据模型，或者亲自创建模型。

平稳性经常用于股票等金融时间序列数据，可以提供各种数学理论等，所以占据了十分重要的位置。一般来说，即使股票没有平稳性，分析股价数据时使用的方法也与平稳性有关。

弱平稳性

平稳性中有弱平稳性和强平稳性。弱平稳性也被称为“广义平稳”（wide-sense stationarity）和“二阶平稳”（second-order stationarity），其定义如下：

“均值函数 $m(t)$ 和协方差函数 $r(s,t)$ 在相对时间内保持不变的特性称为‘弱平稳性’，这一过程称为‘弱平稳过程’。”

根据如上定义，弱平稳性拥有如下特征：

- 常均值
- 常方差
- 相对于时间独立的协方差

如果想满足这些特征，那么存在某个随机过程且将这个过程称作函数 $f(t)$ 时，它与时间 t_1 有如下关系：

$$f(t_1)=f(t_1+\tau)$$

该公式表示，时间 t_1 对应的 $f(t_1)$ 值和将时间移动了 τ 的 $f(t_1+\tau)$ 值是相同的。如前所述，这个公式只有在与时间的变化无关且拥有固定统计特征时才成立。

图 3–6 是弱平稳性时间序列数据示例，均值为 0，方差固定。

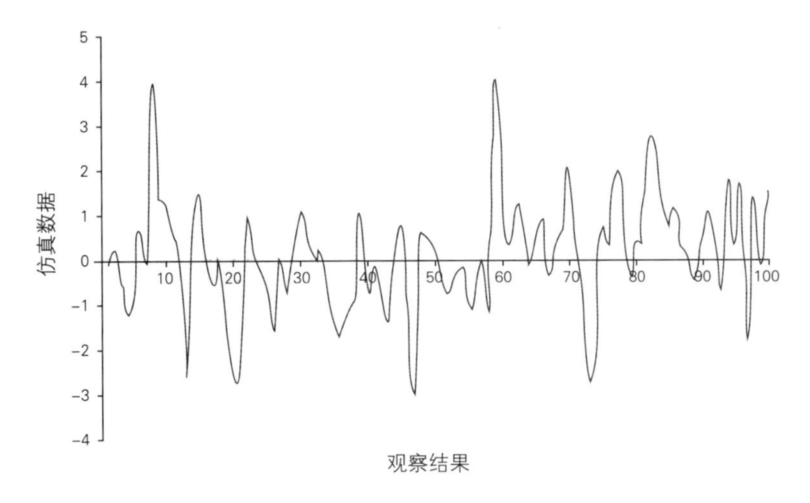

图 3-6　弱平稳性时间序列数据示例

3.6 随机过程中的期望值、方差和协方差

期望值和方差也源自第 2 章中的统计概念，下面看看它们在随机过程中的公式表达。

对于期望值有如下公式：

$$E(x) = \mu$$

$E(x)$ 是总体中随机变量 x 的期望值，μ 是总体均值。

方差是呈现数据和均值之间偏离程度的数值，通过它可以知道随机变量的离散程度。

$$\sigma^2(x) = E[(x - \mu)^2]$$

标准差是对方差开平方后得到的，单位与数据的单位相同，所以求出方差后可以轻松计算标准差。

协方差

协方差是呈现两个变量相关程度的值，用 Cov(*x*, *y*) 表示。计算协方差得出的数值多用于把握两个变量的方向性，而不是呈现它们的密切程度。例如，如果协方差大于 0，那么说明两个变量同时呈现增加趋势；如果小于 0，则一个变量增加，另一个减小。但是，如果协方差的值一个为 10，一个为 100，并不能说值为 100 的变量之间相关程度更高。

图 3-7 为不同的协方差值呈现的不同关系。

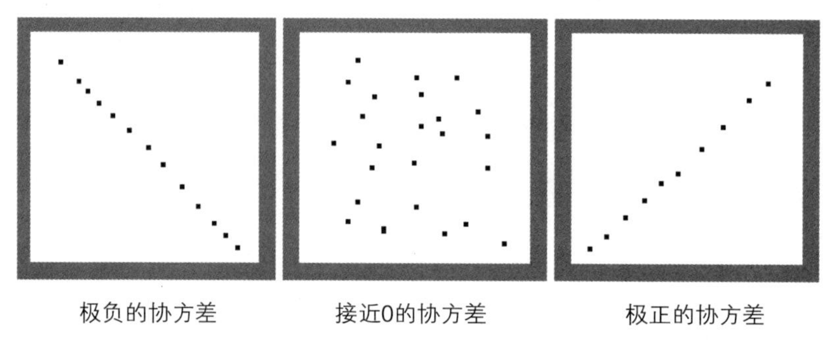

图 3-7　协方差

协方差值的解释方法可归纳如下。

- **Cov(*x*, *y*) > 0**：*x*、*y* 变量都增加。
- **Cov(*x*, *y*) < 0**：*x* 增加则 *y* 减少，反之亦然。
- **Cov(*x*, *y*) = 0**：*x*、*y* 之间无线性关系，各自独立。

在样本中求协方差的公式如下：

$$\mathrm{Cov}(x,y)=\frac{1}{n-1}\sum_{i=1}^{n}(x_i-\overline{x})(y_i-\overline{y})$$

其中 *x*、*y* 是求协方差时所用的变量，$\overline{x}$ 是 *x* 的样本均值，$\overline{y}$ 是 *y* 的样本均值。在这个公式中，样本的数据数不是 n，而是 $n-1$，因为得到的协方差应是实际值与估计值没有差异的无偏估计量。

如果从全部集合——总体中提取的样本的期望值是不同的，那么称为“估计量的偏误”，有差异的是“偏误估计量”，无差异的是“无偏估计量”。

下面使用 pandas 计算三星电子股价和韩美药品股价的协方差。编写以下代码并运行。

```
df_samsung = load_stock_data('samsung.data')
df_hanmi = load_stock_data('hanmi.data')
print df_samsung['Close'].cov(df_hanmi['Close'])
```

运行结果

```
-7384068478.53
```

得到的协方差值是极大的负数，如前所述，解释协方差时，大小并不重要，重要的是呈现方向性的符号。因为值为负数，所以证明三星电子股价和韩美药品股价拥有不同的方向性。

3.7 相关

相关是分析两个变量之间存在哪种线性关系的方法。详细地说，是规范两个变量之间的协方差，用相关关系式表示变量之间相关关系的程度。

相关关系可以用 $\mathrm{Cor}(x, y)$ 表示，定义如下：

$$\mathrm{Cor}(x, y) = \frac{\mathrm{Cov}(x, y)}{\mathrm{std}(x) * \mathrm{std}(y)}$$

- std(x) 是样本变量 x 的标准差，std(y) 是样本变量 y 的标准差。
- Cor(x, y) 对协方差进行规范，取值范围为 [–1, 1]。

与协方差不同，相关关系值既呈现方向性，又呈现相关关系的程度。值离 1 越近，越意味着完全正相关；离 –1 越近，越意味着完全负相关；为 0 则表示不存在线性的相关关系，如图 3–8 所示。

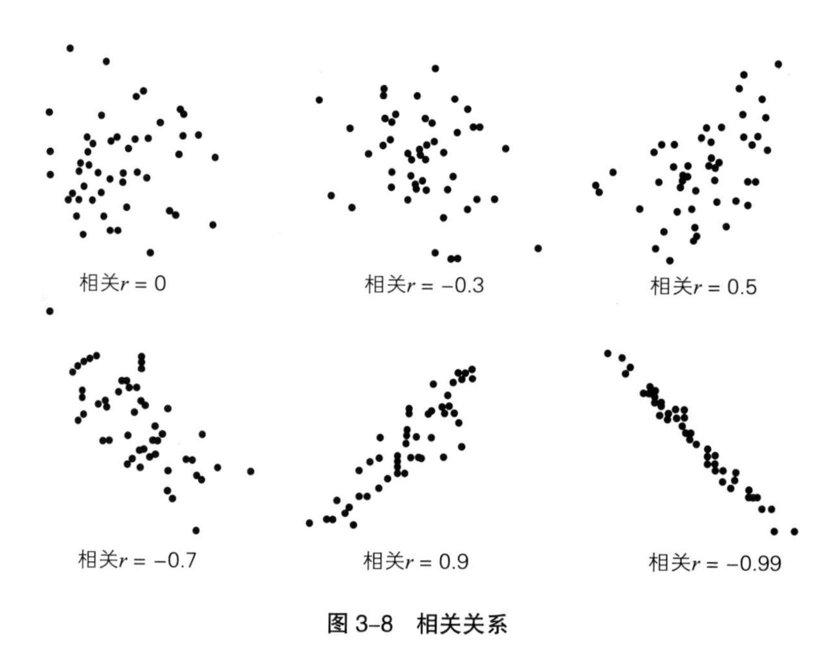

图 3–8　相关关系

相关关系值的解释方法可归纳如下。

- **Cov(*x*, *y*) > 0**：正相关关系
- **Cov(*x*, *y*) = 1**：x 和 y 一致
- **Cov(*x*, *y*) < 0**：负相关关系
- **Cov(*x*, *y*) = –1**：x 和 y 在反方向一致
- **Cov(*x*, *y*) = 0**：x 和 y 没有线性相关关系

表示相关关系的相关系数有皮尔逊相关系数、斯皮尔曼相关系数、肯德尔相关系数

等，最常用的是皮尔逊相关系数。下面使用 pandas 计算三星电子股价和韩美药品股价的皮尔逊相关系数，代码如下。

```
df_samsung = load_stock_data('samsung.data')
df_hanmi = load_stock_data('hanmi.data')
print df_samsung['Close'].corr(df_hanmi['Close'])
```

运行结果

```
-0.366482003208
```

皮尔逊相关系数为 –0.366，如前文中协方差计算的一样，三星电子股价和韩美药品股价拥有不同的方向性，系数值比最大值 0.3 大，所以可以说有明显的线性负相关关系。一般来说，如果相关系数的绝对值小于 0.3，那么可以解释为相关关系较弱，大于 0.7 则表示相关关系强。

3.8 自协方差

自协方差是弱平稳性过程变量的协方差函数，用公式表示如下：

$$C(k)=\frac{1}{n}\sum^{n-k}(x_t-\overline{x})(x_{t+k}-\overline{x})$$

该公式中，$C(k)$ 指 Lag K 的自协方差函数。Lag K 指 x_t 和 x_{t+k} 之间的相关关系，粗略地说就是两个值，即 x_t 和 x_{t+k} 之间的协方差。求 Lag K 的函数 $C(k)$ 的公式与前文中协方差的公式（第 58 页）十分相似。

如果说协方差是分析同一时间内两个变量的相关关系，那么自协方差函数 $C(k)$ 就是计算两个不同的时间——t 和 $t+k$ 内变量值的协方差。自协方差函数的主要关注点是值的相关关系如何随着时间的变化而变化，用于观察相关关系是增加趋势还是下降趋势、相关关系的变化幅度如何等，如图 3-9 所示。

图 3-9 中第一个图呈现了随机生成的高斯数，由图可知，取值范围为 -5 ~ 5。第二个图中，灰线是 Lag K，相关关系没有增加或者减少等趋势，在固定的值范围内波动，时间越久越趋于 0。像这样，自协方差函数可以用于掌握时间序列数据 Lag 的走势和大小。

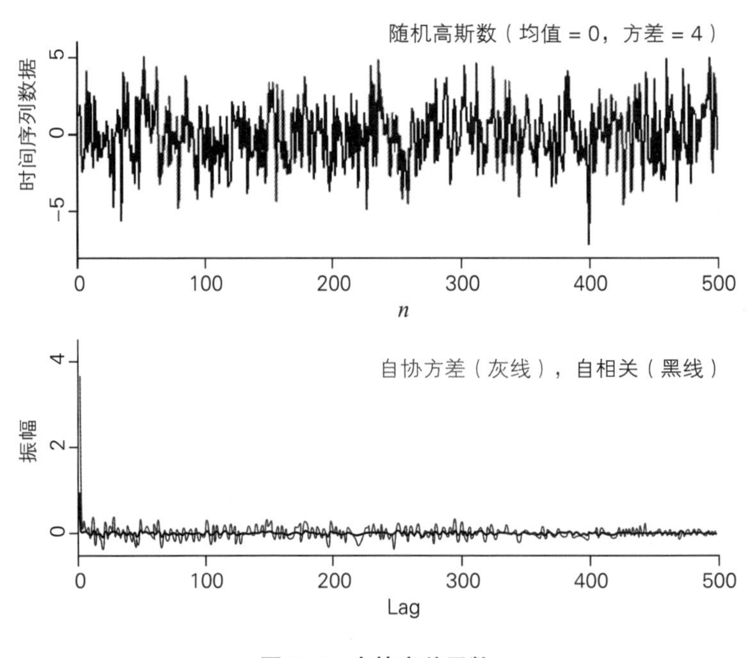

图 3-9 自协方差函数

3.9 自相关

自相关性体现了时间序列变量随时间变化的自相关关系，也称为序列相关性和互自相关。如果说相关是特定时间内变量间的关系，那么自相关的关注点则在于根据时间变化的变量间的关系。某个时间序列数据拥有固定的模式，则意味着其中存在自相关；随着时间变化，带有自相关性的变量值也不断变化，因此呈现出固定的模式。

计算弱平稳性过程的 Lag K 需要如下自相关函数：

$$\rho(k) = \frac{C(k)}{C(0)}$$

从该公式可知，自相关函数 $C(0)$ 是常数，所以由自协方差函数 $C(k)$ 决定。$C(0)$ 是第一个协方差值，所以可以将 $C(k)$ 函数解释为初始值。因此，它代表了 x_t 和 x_{t+k} 之间的相关关系。将相关扩大为时间序列数据的操作，与自相关等现有的相关定义十分相似。

还可以从另一个角度解释自相关函数。如前所述，自相关函数的值由 $C(k)$ 决定，$C(k)$ 可以简单表现为 $(x_t - \bar{x})$ 和 $(x_{t+1} - \bar{x})$ 之间的关系，也就是说，它由 x_t 和 x_{t+1} 如下的比例关系决定：

$$x_{t+1} = \Delta x_t$$

如果以时间 t 为标准，那么可以预测未来时间 $t+1$ 的值是 Δ 和 x_t。

利用自相关可以掌握有关数据的随机性。画自相关图的时候，数据越趋于 0，越能证明它是存在随机性的时间序列数据；值越远离 0，说明自相关性越强。自相关是算法交易中十分重要的理论基础，需要切实理解。

下面利用 pandas 绘制三星电子收盘价的自相关图，结果如图 3-10 所示。

```
from pandas.tools.plotting import scatter_matrix,autocorrelation_plot

fig, axs = plt.subplots(2,1)
df_samsung['Close'].plot(ax=axs[0])
```

```
autocorrelation_plot(df_samsung['Close'],ax=axs[1])
plt.show()
```

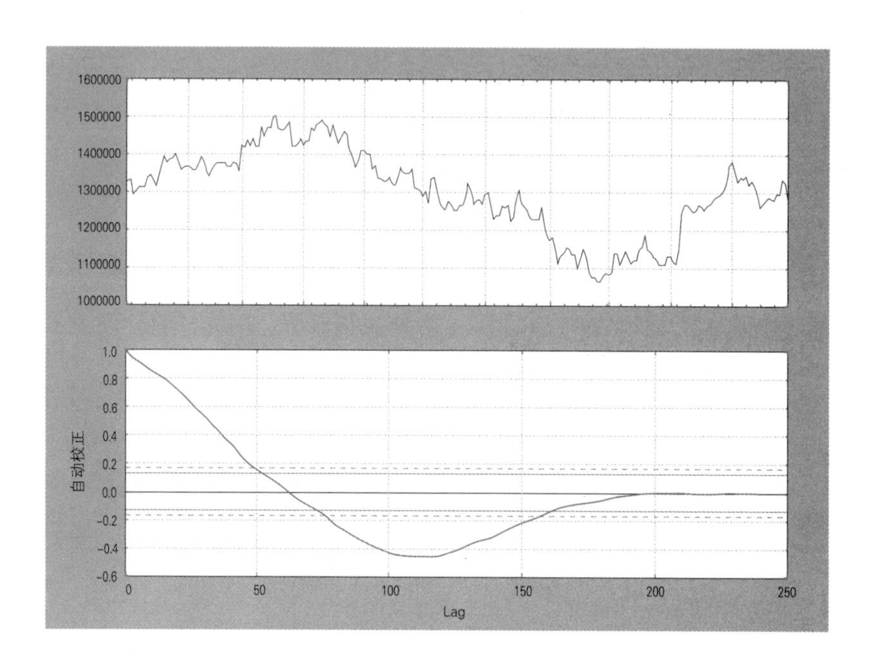

图 3-10　三星电子收盘价自相关图

可知，上半部分是三星电子股票的收盘价走势图，下半部分是自相关图。三星电子的收盘价随着时间的变化逐渐趋于 0，所以存在随机性。

相关图

相关图根据 Lag K 各值的顺序绘制自相关函数，也称自相关图。与自相关的图相同，相关图的图形态较大，从视觉上比一般线形图更能表现大小，有助于把握每一个 Lag 结构和随机性。在算法交易中，相关图经常用于感知季节状态——是否存在季节性和决定性走势。

下面绘制的是三星电子收盘价的相关图，如图 3-11 所示。

```
def get_autocorrelation_dataframe(series):
    def r(h):
        return ((data[:n - h] - mean) * (data[h:] - mean)).sum() / float(n) / c0

    n = len(series)
    data = np.asarray(series)
    mean = np.mean(data)
    c0 = np.sum((data - mean) ** 2) / float(n)
    x = np.arange(n) + 1
    y = lmap(r, x)
    df = pd.DataFrame(y, index=x)
    return df

df_samsung = load_stock_data('samsung.data')
df_samsung_corr = get_autocorrelation_dataframe(df_samsung['Close'])

fig, axs = plt.subplots(2,1)
axs[1].xaxis.set_visible(False)

df_samsung['Close'].plot(ax=axs[0])
df_samsung_corr[0].plot(kind='bar',ax=axs[1])

plt.show()
```

在这段代码中，get_autocooeerlation 函数在传来的参数的 DataFrame 中计算自相关值，并返回 DataFrame。

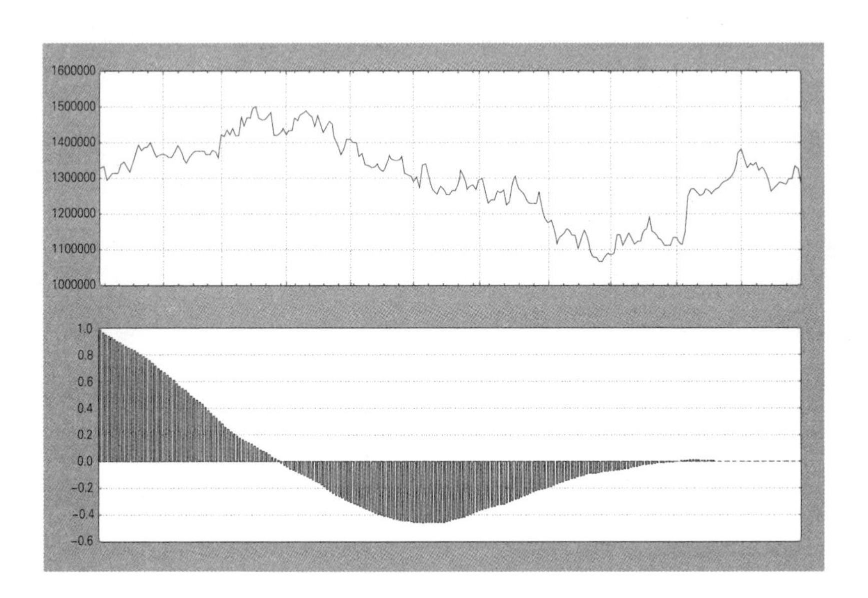

图 3-11　三星电子收盘价相关图

由此可见，图 3-11 与前文的自相关图大同小异，不同的只是形态。

3.10 随机游走

随机游走是指之前的行走和独立的随机行走向着任意方向进行，可以用于离散变量和连续变量。例如，观察醉酒的人走路回家时的模样，很难推测他是向前走、向后走，还是向左走、向右走，这就是“随机游走”。液体或气体中的分子运动、股价的波动、掷硬币等都属于随机游走，随机游走广泛应用于生态学、经济学、心理学、物理学、化学等多个领域。

路易斯·巴舍利耶在 1900 年发表的博士论文“投机交易理论”（La Théorie de la Spéculation）中，将随机游走作为金融时间序列数据的模型，此后随机游走开始得到广泛使用。它在算法交易中也是一个十分重要的概念，可以用于多种理论和方法。

随机游走的特征是，从一个地点到下一个地点之间的距离是固定的，均值是固定的但方向是随机决定的，所以方差随时间不断增加，如图 3-12 所示。

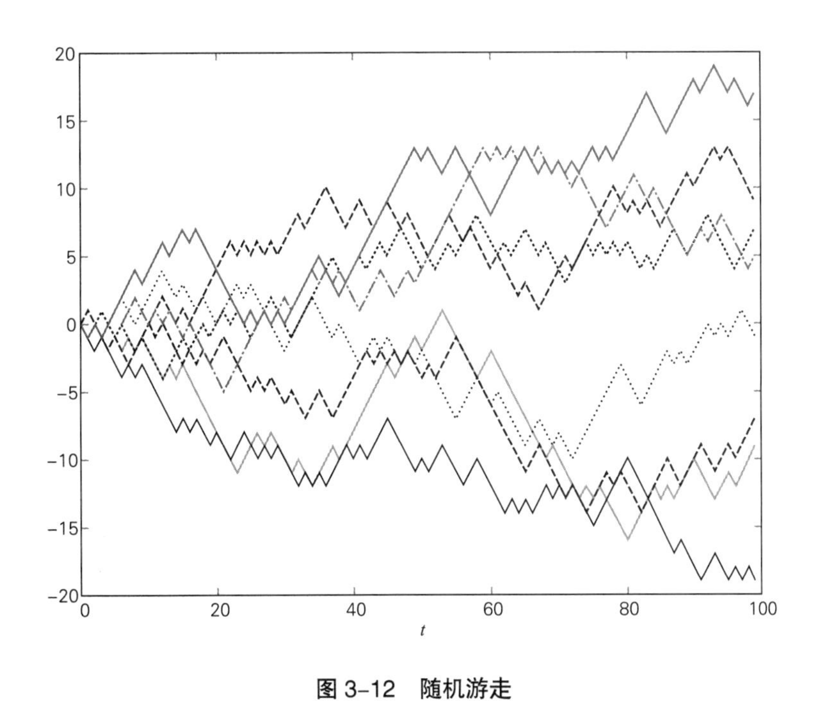

图 3-12　随机游走

随机游走有不带漂移项的随机游走和带漂移项的随机游走两种模型，它们的差别就在于方差的波动性。对于不带漂移项的随机游走，方差是固定的；而对于带漂移项的随机游走，方差会随着时间不断增大。

例如，如果说醉酒的人走路是随机游走，那么不带漂移项的随机游走是指其走路的步幅是固定的，而带漂移的随机游走则指其步幅不固定。

几何布朗运动

几何布朗运动或指数布朗运动是随机游走的一种，是进行漂移布朗运动的随机过程。几何布朗运动的定义如下，此处的 $W(t)$ 是标准布朗运动，μ 是均值，z_0 是系数。

$$X(t) = z_0 \exp(\mu t + \sigma W(t))$$

由公式可知，任意变量的值由均值和布朗运动决定。一般来说，几何布朗运动中会使用带漂移项的随机游走，此处有必要反复思索其中包含的重要意义。

假设时间从 n 经过了 k 成为 $n+k$ 时，会发生无规则的漂移且遵循正态分布，那么说明如下公式成立：

$$\ln(\hat{Y}_{n+k}) = \ln(y_n) + kr$$

其中 r 是用对数单位表示的漂移，与一次运动的比例增加值类似。假设 $r = 0.0091$，那么可以说值的变化大小是 0.91%。将公式中的自然对数消除后，记录如下，该公式中 r 的值决定斜率。

$$\hat{Y}_{n+k} = y_n(1+r)^k$$

由于该公式用指数表示，所以不会出现负数。r 值决定斜率，整体概率空间的大小是 1，所以几何布朗运动被广泛用于经济学和金融等领域。

如图 3-13 所示，不带漂移项的随机游走模型走势较短，波动性呈现一定标准；而带漂移项的随机游走是指数函数，所以走势长且向右上延伸，而且波动性也要大于不带漂移项的随机游走模型。

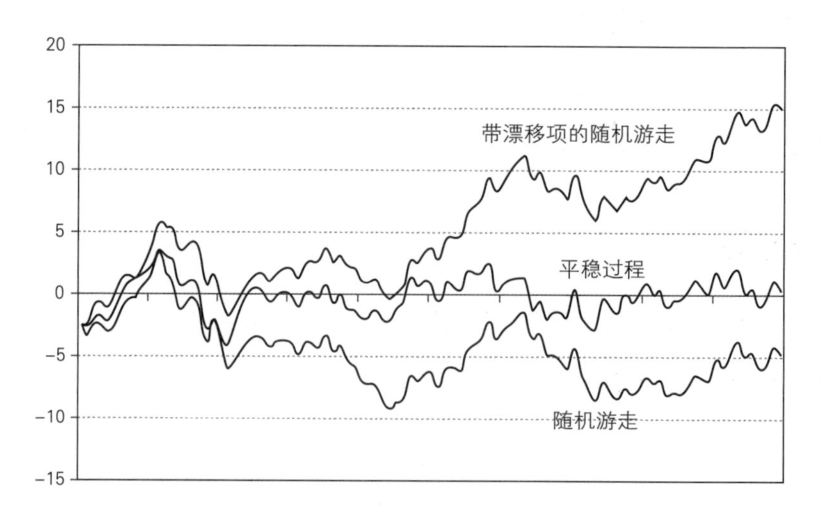

图 3-13 随机游走

第三部分

第 4 章 算法交易

4.1 算法交易简介

算法交易基于数学计算和 IT 系统进行金融商品交易，又称系统交易、“黑箱”交易。在投资银行、养老基金、对冲基金、证券公司等领域都有广泛应用，国外许多拥有数学知识和 IT 知识的个人也参与其中。

我们还不太熟悉的算法交易其实已经大大改变了美国的金融市场。影视剧中经常出现的纽约证券交易所曾经是一个像农村集市一样充满活力的地方，过去可以在这里看到“证券经纪人”各处奔走忙着打电话的场景，还能看到“几家欢乐几家愁”同时上演的画面。

但是，从 2016 年起，再也看不到这种情况了，纽约证券交易所变得非常寂静。大约从 2007 年开始，随着算法交易的普及，在交易所进行交易的不再是人，而是机器。如图 4–1 所示，2012 年美国算法交易的成交量达到总成交量的 85%，增速迅猛。

2008 年金融危机后，市场环境恶化，创造利润变得更加困难，面对各项新规定和全球低利率大潮，华尔街为打破现状做出了许多努力。为了不断创造新的利润并节省成本，尤其是人力成本，华尔街开始积极应用 IT 技术，算法交易就是其中一个自救方法。跨国咨询公司麦肯锡在报告中称，如果引进算法交易等 IT 技术，可以增加约 30% 的利润。综合各种情况，算法交易和 IT 技术日后在金融市场上占据的位置将更加坚固。

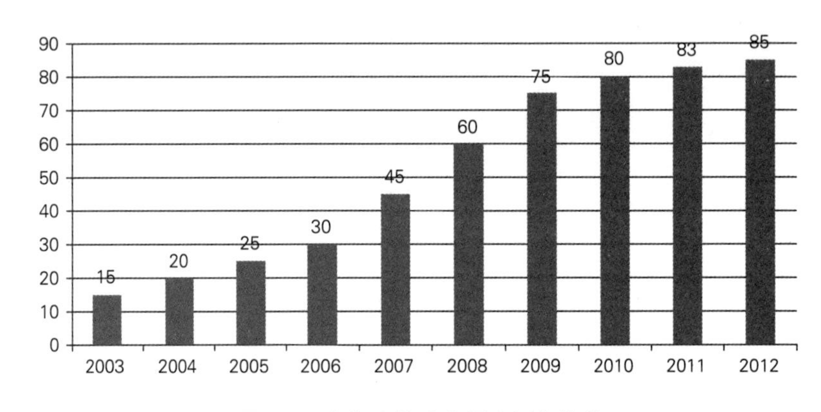

图 4-1　各年度算法交易比例变化 [1]

算法交易能够在世界金融中心华尔街成功扎根虽然有多种原因，但最重要的还是因它能够创造利润。William M.Grove 和 David H.Zaid 等共同撰写的论文“Clinical versus mechanical prediction: a meta-analysis” [2] 对 136 个案例进行了调查，结果显示，数学模型得出的结果与人工相似或优于人工的比例为 94%。

算法交易从数学的角度分析股价的波动，创建数学模型对股价展开说明并预测，再用 IT 技术实现，依据数值这一客观标准进行交易。在创建数学模型过程中，最重要的核心是检验。利用过去的数据检验设计的数学模型时，只留存被认为具有统计学意义的模型，并用算法交易实现，所以得到的结果必然优于粗略计算的人工交易。

算法交易对金融交易进行了“Art to Science”的变化，在之前人们直观或者基于某种信任进行的交易方式中，加入了依赖数据并以数学为基础的科学方式，最终证明了自

① 出处：By Tertius51，CC BY-SA 3.0. https://goo.gl/1W32sq

② 参考：http://www.ncbi.nl,.nih.gov/pubmed/10752360

身的有效性。

比较传统的人工交易方式和以数学模型为基础的算法交易时，后者的优点可以归纳为：速度与没有感情。

第一点，算法交易的速度是人类绝对无法比拟的。韩国股市每天上午9点～下午3点营业，怀着各种想法的组织和个人在此依照自己的选择进行投资，受此影响，股价随机地反复上涨和下跌，快速绘制出复杂的图表。人在处理这种股价的快速变化时必然存在局限性。要在短时间内决定买入、卖出或者继续持股并实际交易，绝非易事。

算法交易可以根据已定的数学模型快速判断并进行交易。将算法交易这一特征最大化的就是高频交易。这种方式一天内通过数十次到数百次交易获取利润，自2010年起就备受欢迎。

第二个优点——没有感情——从某些角度看，甚至比速度更加突出，决策时以数学模型为基础，所以避免了对投资影响极大的障碍——感情的介入。用自己的资产进行投资伴随着一定的风险，所以人们会本能地害怕亏损。投资金额越大，对亏损的恐惧就越深，继而很难做出正常的判断。大部分，不，几乎所有人都很难摆脱这种对亏损的恐惧，导致扰乱合理的判断，继而出现亏损。

我们能从各类报道中发现，个人投资者通常在股市中都会亏损。虽说股票选择失败在其中有很大影响，但是不能打败股票每天涨跌带来的心理痛苦、不能理性判断才是导致失败的最终原因。而算法交易依据数学模型的结果判断买入、卖出或持股，所以完全不受感情的影响。

当然，算法交易也存在缺点，众所周知的就是市场的干扰。算法交易已经在金融市场上普及并进行了许多交易，所以市场变化更快，也更加混乱。同时还可能出现的问题是，在某种特定情况下，人们因为巧合或者选用了相似的算法交易模型，所以同时抛售股票，继而导致市场暴跌。

比如，股市中的许多算法交易会使用动量模型，但是由于数学理论基本相同，如果给予某个信号，就会得出“抛售股票”这一相似的结果。如此一来，非常短的时间内会有大量股票进入市场，如果没有想要买入的人，股市就会暴跌。

算法交易的另一个缺点是系统错误或数学模型的失败。数学模型在算法交易中具有核心作用，如果设计上出现失误，或者为了实现算法交易而开发的 IT 系统上存在错误，那么会带来巨大的损失。2013 年 12 月，韩国 HanMag 投资证券因电子算法交易运行错误，两分钟内就损失了超过 4000 万美元，最终破产倒闭。

算法交易是适合机器学习的环境，因为金融市场中存在许多类似股票、期权、期货、汇率等可以充分为机器学习所用的数据。

但是在机器学习中，即使拥有十分优质的算法，如果没有对它进行训练的数据，那么算法也将毫无用处。随着大数据时代的来临，数据在不断变大，智能手机和物联网在生成更多数据，云具备处理这些数据所需的计算能力，为机器学习的发展提供了非常好的环境。

4.2 算法交易历史上的那些人

学习算法交易的历史不仅有趣，更能从中知道诸多天才如何促进了它的发展，具有十分重要的意义。算法交易以数学和 IT 为基础，与金融工程的发展同出一辙。虽然算法交易发展至今有诸多机构和个人参与其中，但我选取的是个人认为影响力最大的三位。

4.2.1 爱德华・索普

爱德华・索普（Edward Thorp）[①] 可以说是算法交易的鼻祖，因为他是第一个在华尔街利用数学和 IT 系统管理基金的人。曾是 MIT 数学系教授的他，成立了 Princeton-

① 出处：http://edwardthorp.com/id1.html

Newport Partners 投资公司。从 1970 年到 1998 年清算为止，公司从未有过亏损，年回报率达到 20%。

即使是只对股票有一点关注的人都会知道，沃伦·巴菲特的年回报率为 21.6%，同期 S&P 的年回报率为 8.84%，由此可见，索普创造的回报率多么惊人。

索普的履历十分特别，有诸多轶事。攻读 UCLA 物理学研究生时期，他和同学们一起讨论轻松赚钱的方法时获得了灵感，发明了可以在轮盘赌中预测球停在哪里的可穿戴式设备（也被称为最早的可穿戴式设备）。

纸牌游戏——21 点可以说在索普的人生中占据了十分重要的地位。索普发表了名为《财富公式：21 点的获胜策略》（“Fortune’s Formula：A Winning Strategy for Blackjack”）的论文，从数学角度分析 21 点游戏，对打赢赌场庄家的方法进行了说明，受到了全美赌徒的欢迎。索普提出的方法是，根据庄家黑客的情况计算概率，常被称为“纸牌计数”。索普不只介绍了这个方法，还亲自去拉斯维加赚了很多钱，真可谓电影《决胜 21 点》的现实版。

之后，索普转向股票市场，和在世界金融史上留下了浓厚一笔的美国长期资本管理公司创始人约翰·麦瑞威瑟一起，开始经营 Priceton-Newport Partners 公司。索普对“凯利公式”深信不疑，积极地将其用于投资风险管理，成功做到了无亏损运营基金。

在投资界，一次失误可能导致损失全部资金，所以风险管理是投资中十分重要的课题。消除风险最好的方法是不投资，但是不投资就不会有任何受益，所以必须承担风险。问题在于，拿多少金额投资在哪里才能在获得更多利益的同时降低风险。

凯利公式为这个问题提供了答案。最初的投资回报率虽然不高，但是随着时间的流逝，利润会急速增长，如图 4–2 所示。

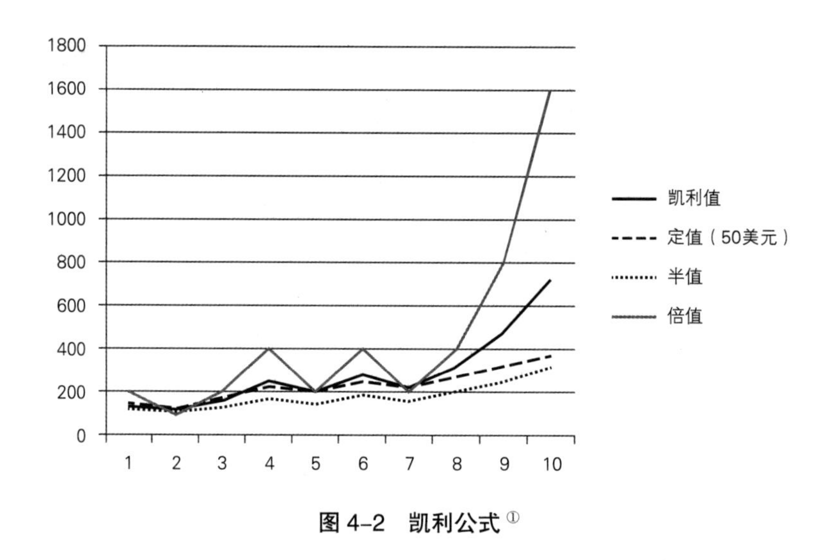

图 4–2　凯利公式 ①

众所周知，索普主要使用以统计套利为基础的算法交易系统。统计套利通过选择相关关系较深的股票，从统计的角度对其差异——价差进行分析，选择合适的对冲战略进行股票买入和卖出，其中最具代表性的是配对交易。

4.2.2　詹姆斯・哈里斯・西蒙斯

詹姆斯・哈里斯・西蒙斯 ② 曾是哈佛大学的数学教授，1982 年，他为了实验如何将自身的数学知识应用于金融市场，成立了“文艺复兴科技”对冲基金公司。詹姆斯・西蒙

① 出处：https://www.biggerpockets.com/renewblog/2013/12/05/lkelly-criterion

② 出处：By Gert-Martin Greuel ,CC BY-SA2.0, https://goo.gl/pCf8cs

斯取得了巨大的成功，甚至被评为“对冲基金史上最成功的CEO”，2014年荣登世界富豪榜88位，拥有近120亿美元的财产。最具代表性的基金——“大奖章”（Medallion）基金创下了（截至清算时）年回报率36%的伟大记录，在金融危机严重的2008年也创造了80%的利润，让人们大为赞叹。

所有见过詹姆斯·西蒙斯的人都称他是“数学狂”，他对数学的这份爱意在进入金融市场后，转化成为管理基金的数学方法。西蒙斯在采访中曾称：“管理基金最先要做的就是收集并分析过去的诸多数据，通过分析反复寻找公式，然后按照这个公式去管理基金。”

“文艺复兴科技”就是以这种想法为基础运营的对冲基金公司，该公司聘用的多是看上去与投资没有关系的数学家、物理学家、天文学家、计算机科学家等，他们不了解金融，也不进行在金融公司中常见的传统企业分析或股票分析等。

“文艺复兴科技”公司认为，管理对冲基金时，数学和IT技术比金融知识更重要，所以聘用了拥有相关知识的人，对他们进行必要的金融知识培训后，让其管理基金。该公司不对外公开自身的基金管理方式和使用的模型等，所以招聘员工的时候，会签订保密协议，要求员工在一定时间内不能向外部公开从公司获得的内容。不过，虽然

“文艺复兴科技”进行算法交易时的模型没有公开，但是可以知道的是，他们使用了以趋势跟踪为基础的模型。

趋势跟踪的理论基础是，一旦掌握某长波动趋势的开始，之后可以使其呈现向上走势，如图 4–3 所示。趋势跟踪模型历史悠久，数学理论已经确立并得到巩固，易于理解，在市场中被广泛使用，全球最大的期货交易机构中也有它的影子。

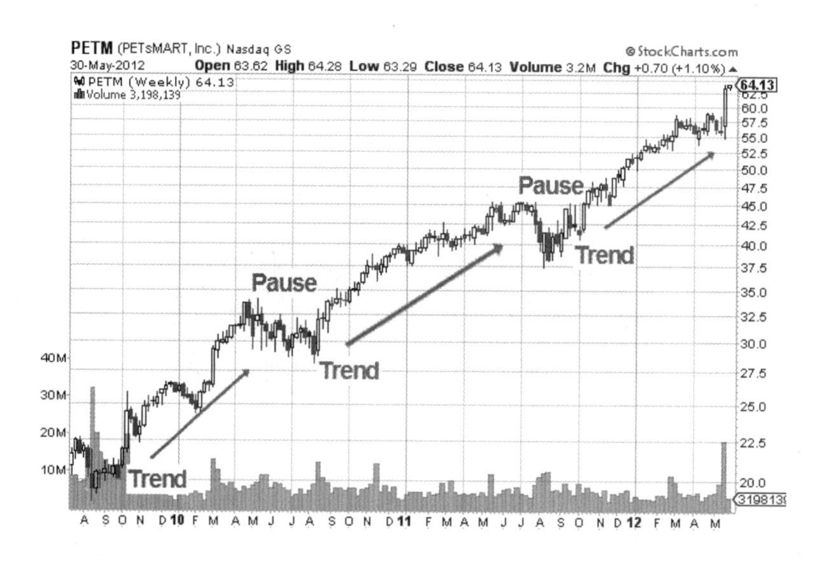

图 4–3 趋势跟踪示例[①]

4.2.3 肯尼斯·格里芬

肯尼斯·格里芬与前面两位数学教授不同，毕业于哈佛大学经济学系，现任对冲基金经理。2014 年福布斯发布的美国 400 位富豪中，格里芬排名提升至 69 位，资产大约为 70 亿美元。从小精通计算机编程的格里芬在哈佛大学上学时，读了索普写的 *Beat the Market: A Scientific Stock Market System* 一书，获得了关于可转换债券的灵感，然后创建了

① 出处：http://goo.gl/AAXKTP

Convertible Hedge Fund#1 合资公司。

1987 年 10 月 19 日，几乎所有金融机构和投资人都在这个“黑色星期一”蒙受了巨大损失，但是格里芬在哈佛大学宿舍里利用基金提高了利润，从而在华尔街声名鹊起。1990 年大学毕业后，他成立了 Citadel 对冲基金。Citadel 被评为“最成功的对冲基金”，在 2015 年，它是管理着 25 亿美元的世界最大的对冲基金之一。Citadel 的特征是积极运用 IT 技术。

索普和西蒙斯的数学造诣很深，而格里芬可能是因为精通计算机编程，所以 Citadel 中的 IT 员工要多于证券经纪人。另外，Citadel 中模型的开发、检验、实际交易等诸多过程都实现了自动化，被评为高频交易领域的开拓者。

4.3 算法交易模型

算法交易中，模型对股票价值进行评价，并依此决定买入、卖出还是继续持股。因此，在风险管理、交易成本管理、投资组合构成、检验等算法交易系统的多个领域都占有十分重要的位置。实际上，风险管理、投资组合构成等都基于模型制定合适的战略，所以可以说它们构成了算法交易的框架。

算法交易中使用的模型有均值回归、日内动量、趋势跟踪、指数基金调整等，新的模型也正在开发当中。在算法交易中，将创造的利润远远高于市场平均利润的模型称为“α 模型”，与市场平均水平相同或稍微高一点的模型称为“β 模型”。算法交易中通用的模型指 α 模型，它有两大处理方法，如图 4–4 所示。

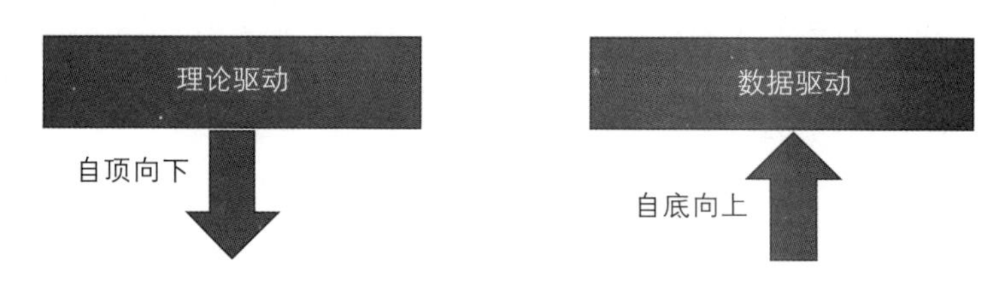

图 4–4　α 模型的处理方法

第一个方法是“理论驱动”（Theory-Driven），先假设有某个模型，然后通过检验该模型的正确性来完成 α 模型。科学家们经常使用该方法。

第二个方法是“数据驱动”（Data-Driven），先分析数据，寻找模式并将其创建为 α 模型，在没有确切的假说和理论背景的条件下，对数据进行分析并积累知识。人类基因组计划就是以该方式进行的。

理论驱动方法采用自顶向下的处理方式，数据驱动方法采用的则是自底向上的处理方式。进行算法交易的人大多偏爱理论驱动方法，最大的原因就是它比较常见，而且对模型的理解度较高。

理论驱动方法先提出某个假说，然后基于该假说创建 α 模型，所以模型设计者能够很好地理解自身的模型、多个变量如何产生影响。但是数据驱动方法分析数据时不提出假设，如果没有明确的目的意识，那么分析数据时很难找到意义，继而在发现某种模式后也可能无法理解。

下面尝试在理论驱动方法的代表性模型——均值回归和数据驱动方法中，利用机器学习创建 α 模型。

4.4 均值回归模型

均值回归模型是算法交易中的重要模型之一，使用人数众多，该模型的基本假设如下：

- 时间序列数据有向过去的均值回归的倾向；
- 如果某些变量如图 4–5 所示呈正态分布，那么可以说越靠近均值，概率越高；离均值越远，则概率越低。

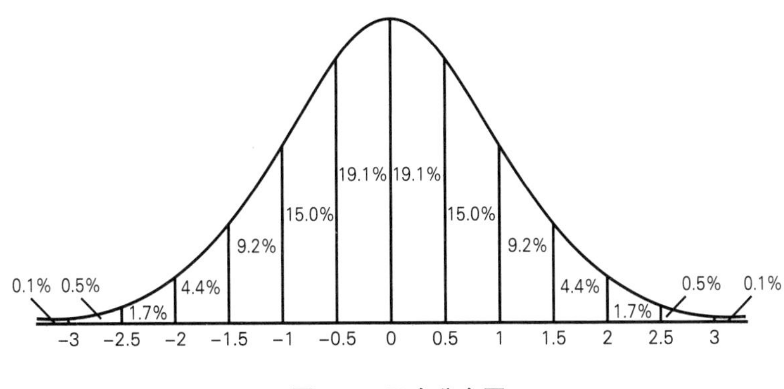

图 4–5 正态分布图

例如，如果当前股价低于平均股价，那么股价将会上涨，反之会下跌，均值回归模型就是利用了这种倾向。均值回归模型在数学和其他领域都是通用的，很好理解，在我们身边也能够很容易找到。

如果股价数据应用了均值回归模型，就能知道应该什么时候买入、什么时候卖出，继而获得高回报。但遗憾的是，如前所述，股价数据是随机的，即随机游走的，所以不能随便适用均值回归模型。

4.4.1 均值回归检验

应用均值回归模型之前，首先应该确认想要应用的股价数据是否为随机游走。随机游走表示之后的行走是不受之前行走影响的独立事件，股价数据如果是随机游走的，那么意味着股价的走势和之前的数据完全没有关系，这样就不能应用均值回归模型。如果想要回归到均值，现在的数据必须受过去数据的影响。也就是说，它必须是非独立的。辨别使用均值回归模型的数据是否为时间序列时，经常使用的方法是增广迪基－福勒检验（ADF，Augmented Dickey-Fuller）和赫斯特指数（Hurst Exponent）。

1. 增广迪基－福勒检验

如果某个股价数据拥有均值回归的特质，那么现股价中包含着能够预测下一个股价情况的统计学信息。例如，如果现股价低于均值，那么虽然下一个值是未知的，但是能够知道股价很有可能拥有上涨趋势。增广迪基－福勒检验先假设某个时间序列数据遵循了随机游走，然后对这个假设进行检验，并以此判断是否为随机游走。

假设存在以下时间序列数据。α 是常数，β 是趋势系数，并满足 $\Delta = y(t) - y(t-1)$ 的关系。

$$\Delta y_t = \alpha + \beta t + \gamma y_{t-1} + \delta_1 \Delta y_{t-1} + \cdots + \delta_{p-1} \Delta y_{t-p+1} + \varepsilon_t$$

如果假设这一时间序列数据是随机游走的，那么 $y(t)$ 和 $y(t-1)$ 的相关系数应该为 0。因为依据定义，随机游走拥有现在值不受之前值影响的独立特性，所以 $y(t)$ 和 $y(t-1)$ 应该不存在任何相关关系；没有相关关系的时候，相关系数的值应该为 0。

增广迪基－福勒检验直接应用前文说明的内容，将 $\gamma = 0$、$\alpha = 0$、$\beta = 0$ 代入上式进行假设检验。如果 $\gamma = 0$ 这一假设检验失败，就证明时间序列数据不是随机游走，那么可以认为它是均值回归时间序列。

利用 pandas 和 Statsmodels 库，可以轻松进行增广迪基－福勒检验。下面以三星电子股价为对象，看看其能否应用均值回归模型。

```
import statsmodels.tsa.stattools as ts
df_samsung = load_stock_data('samsung.data')
adf_result = ts.adfuller(df_samsung["Close"])
pprint.pprint(adf_result)
```

运行结果

```
(-1.1376691628777393,
 0.69981858123217411,
 3,
 234,
 {'1%': -3.4586084859607156,
  '10%': -2.5733956592884799,
  '5%': -2.8739721592357208},
 5060.7362796028701)
```

运行结果的第一个值是检验统计量，第二个是 P 值，第四个是数据数，第五个字典呈现了假设检验所需的 1%、5%、10% 的临界值。如果想驳回 $\gamma = 0$ 的假设检验，那么检验统计量的值要比临界值 1%、5%、10% 的任何一个都要小。

三星电子股价的检验统计量为 –1.137，大于临界值 10% 的 –2.57，所以不能驳回假设。因此，三星电子股价不能应用均值回归模型。

2. 赫斯特指数

平稳过程中，因为均值和标准差是固定的，所以数值的扩散要慢于带漂移项的随机游走——几何布朗运动。股价数据是时间序列数据，可以将时间变化带来的股价变化视为扩散，此处可以通过数学计算测量扩散的速度。赫斯特指数的核心构想是，用扩散速度替换方差，将该值与几何布朗运动的扩散速度进行比较，然后确定是随机游走还是平稳过程。

利用方差，按如下方法计算股价的扩散速度：

$$\mathrm{Var}(\tau) = [\,|\log(t+\tau) - \log(t)\,|^2]$$

几何布朗运动是带漂移项的随机游走过程，如果数据足够大，τ 的方差就必须与其成正比，因此必须满足以下公式：

$$[|\log(t+\tau)-\log(t)|^2]\sim\tau$$

公式中的 ~ 表示，如果数据足够大，那么应该收敛到哪些值。如果某个平稳过程不能满该公式，那么说明该平稳过程存在均值回归倾向或趋势平稳倾向。

赫斯特指数将 τ 扩大，定义如下：

$$[|\log(t+\tau)-\log(t)|^2]\sim\tau^{2H}$$

该公式中，τ 的指数 $2H$ 的 H 是赫斯特指数，根据 H 的大小，可以推测该时间序列数据的扩散速度具有何种形态。例如，假设某个时间序列数据是几何布朗运动，那么 τ 的指数必须为 1，所以值必须是 $2H=1\rightarrow H=0.5$；如果不是几何布朗运动，H 应该为 0 或者接近 0 的值。这样计算得出的赫斯特指数的值如果 $H<5$，则是均值回归；如果 $H>5$，则是趋势平稳。

为了更加详细地进行说明，从定义赫斯特指数的公式中截取如下函数：

$$f(x)=\tau^{2H}$$

向函数中的 H 分别代入 0、0.5、1，结果如下。

- **$H=0.5$，$f(x)=\tau^{2\times0.5=1}$**

  $H=0.5$，与前面的公式形态相同，所以是几何布朗运动。

- **$H=0$，$f(x)=\tau^{2\times0=0}=1$**

  $H=0$，值为 1，向均值回归。

- **$H=1$，$f(x)=\tau^2$**

  $H=1$，为指数函数，说明存在发散形态的趋势平稳。

赫斯特指数不仅能够确定平稳过程是均值回归还是趋势平稳，还能够知道这一倾向的程度，非常有用。例如，H 值越接近 0，就越倾向于均值回归；越接近 1，就越倾向于趋势平稳。

下面利用 Python 计算三星电子股价和韩美药品股价的赫斯特指数。

```
def get_hurst_exponent(df):
    lags = range(2, 100)
    ts = np.log(df)

    tau = [np.sqrt(np.std(np.subtract(ts[lag:], ts[:-lag]))) for lag in lags]
    poly = np.polyfit(np.log(lags), np.log(tau), 1)

    result = poly[0]*2.0

    return result

df_samsung = load_stock_data('samsung.data')
df_hanmi = load_stock_data('hanmi.data')

hurst_samsung = get_hurst_exponent(df_samsung['Close'])
hurst_hanmi = get_hurst_exponent(df_hanmi['Close'])
print "Hurst Exponent : Samsung=%s, Hanmi=%s" % (hurst_samsung,hurst_hanmi)
```

运行结果

```
Hurst Exponent : Samsung=0.4089724019, Hanmi=0.578058846572
```

三星电子股价的赫斯特指数是 0.4，韩美药品的是 0.57，接近几何布朗运动，说明不存在明确的均值回归倾向或趋势平稳倾向。

3. 均值回归的半衰期

从对增广迪基－福勒检验和赫斯特指数的讲解中可知，三星电子股价和韩美药品股价都不适合应用均值回归模型。大部分股价数据都没有通过均值回归模型的应用可能性检验，但是不必失望。没有通过这两项检验的股票通过使用均值回归模型成为获得高回报的 α 模型，这在实际算法交易中很常见。

本节要探讨的是即使没有通过前文提到的两项检验，也能够知道是否可以应用均值回归模型的半衰期值。

半衰期指值向均值回归所需的时间，利用这个值可以找到能够应用均值回归模型的股价。存在均值回归倾向的随机游走称为奥恩斯坦 – 乌伦贝克过程，满足如下随机微分方程：

$$dx_t = \lambda(\mu - x_t)dt + \sigma dW_t$$

其中 λ 是均值回归速度，μ 是均值，dW_t 是误差项。

为了简单计算半衰期，假设有如下奥恩斯坦 – 乌伦贝克过程，y_0 是初始值，λ 是均值回归速度：

$$f(t) = y_0 e^{-\lambda} t$$

该过程进行均值回归，所以对于时间 t 的 $1/2(t_{1/2})$ 来说，应当有如下关系成立：

$$f\left(t_{1/2}\right) = \frac{f(t)}{2}$$

计算上述两个公式，调整均值回归所需的符号，可以得到如下结果：

$$\text{Half-life, } t_{1/2} = -\frac{\ln 2}{\lambda}$$

从该公式可知，半衰期和均值回归速度 λ 成反比。λ 变大，速度就会变快，所以将快速向均值回归；λ 变小，速度就会减慢，所以向均值回归也会变慢。

半衰期中数值的单位是计算时使用的时间单位，如果计算时使用的数据如果以秒为单位，那么均值回归的时间单位就是秒；如果以小时为单位，那么均值回归的时间单位就是小时，这一点必须注意。半衰期值的大小依据算法交易中应用战略的不同，可能恰当，也可能不恰当。例如，半衰期的值较大，可能意味着存在长时间的持续趋势；值如果较小，可以被解释为股价波动频繁。因此，要依据战略进行判断。

下面利用 Python 计算三星电子股价和韩美药品股价的半衰期值。

```
def get_half_life(df):
    price = pd.Series(df)
    lagged_price = price.shift(1).fillna(method="bfill")
    delta = price - lagged_price
    beta = np.polyfit(lagged_price, delta, 1)[0]
    half_life = (-1*np.log(2)/beta)

    return half_life

df_samsung = load_stock_data('samsung.data')
df_hanmi = load_stock_data('hanmi.data')
half_life_samsung = get_half_life(df_samsung['Close'])
half_life_hanmi = get_half_life(df_hanmi['Close'])
print "Half_life : Samsung=%s, Hanmi=%s" % (half_life_samsung,half_life_hanmi)
```

运行结果

```
Half_life : Samsung=35.6008036921, Hanmi=1041.5719091
```

三星电子股价的半衰期值是 35.60，韩美药品股价的半衰期值是 1041.57，所以可知三星电子股价向均值回归的速度要比韩美药品股价快；韩美药品的值过大，所以均值回归的倾向要远远小于三星电子。

4.4.2 实现均值回归模型

如果找到通过了增广迪基 - 福勒检验、赫斯特指数、半衰期这三项检验的股票，那么可以准备实现均值回归模型。均值回归模型可以应用于实际的算法交易，其魅力就在于模型的概念和自身的简单明了。均值回归模型的基本概念是，股价低于均值时买入股票、高于均值时卖出股票，以此获得利润。

图 4–6 是三星电子的股价，实线是移动均值，虚线是收盘价。例如，2015 年 8 月收盘价低于移动均值，所以要买入股票；10 月以后股价突破移动均值，所以要卖出之前持有的股票。

要想完成均值回归模型，必须决定以下三项。

- **定义均值**：即如何计算股价买入、卖出的比较值——均值。可以用过去特定时间内的股价或移动均值来计算。如果要使用移动均值，那么需要决定移动均值的时间是以 10 天为单位还是以 30 天为单位。均值常被用作提醒买入和卖出的一种指标。
- **买入 · 卖出标准**：举例来说，这个标准决定应该在股价超过均值时卖出，还是均值和股价的差额达到两倍以上时卖出。和均值一样，买入和卖出的标准是对模型回报率产生巨大影响的重要因素。标准过低则无法获得较大利润，反之则可能错过买入和卖出的时机，所以很难决定。
- **数据选择**：选择算法交易中将要使用的数据，比如使用收盘价、开盘价还是当前价。这项操作虽然简单，但承担的责任却很重。

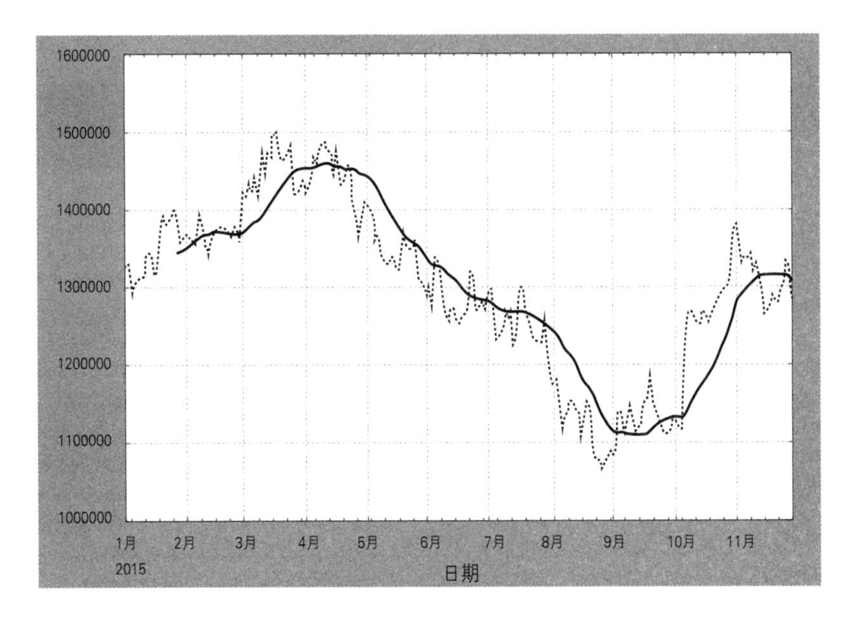

图 4–6　移动均值图

现在以如下标准实现均值回归模型。从概率上来看，买入和卖出的标准中，将标准值选为标准差比较安全。

- **定义均值**：10 天移动均值。
- **买入 · 卖出标准**：移动均值和股价的差额绝对值大于标准差则执行买入 / 卖出。

  | 股价 – 移动均值 | ＞标准差时

  股价 – 移动均值 ＞ 0，卖出

  股价 – 移动均值 ＜ 0，买入

- **数据选择**：使用收盘价。

图 4–7 是正态分布图表，某个值在标准差内的概率是 68%，所以可以较为频繁地进行交易。如果将买入和卖出的标准值设为标准差的 3 倍以上，那么这种事情发生的概率是 100% – 99.7% = 0.3%。这一情况非常罕见，其交易次数会变得很少。

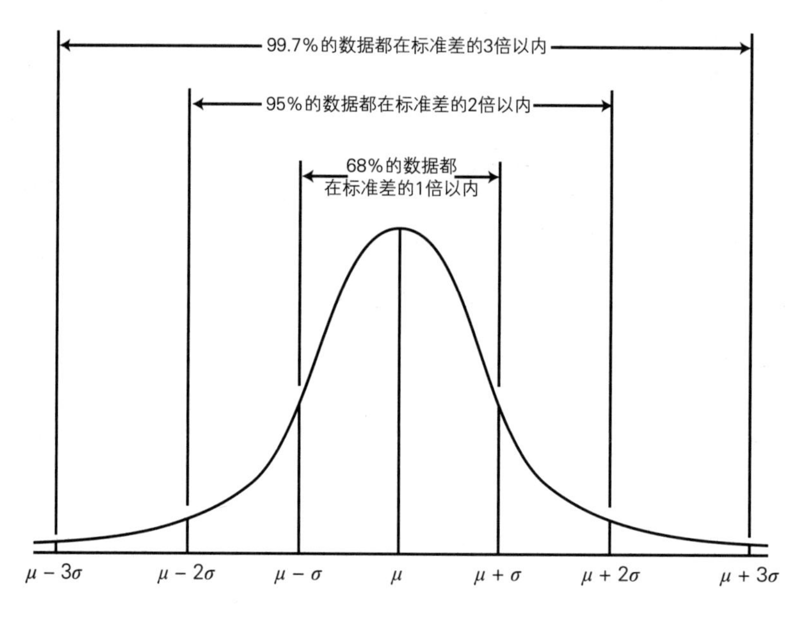

图 4-7 正态分布

前面的均值回归模型的伪代码如下所示。实际利用 Python 实现的代码将在第 5 章中详细说明，此处用伪代码代替。该代码中，`rolling_mean()` 函数计算移动均值，`rolling_std` 是标准差，`price` 变量表示开盘价。

```
price_moving_average = rolloing_mean(收盘价,10)
price_standard_deviation = rolloing_std(收盘价,10)
diff = price- price_moving_average
if |diff| > price_standard_deviation:
   if diff>0:
      sell_stock()
   else:
      buy_stock()
```

4.5 机器学习模型

均值回归模型以时间序列的平稳性特征为基础，假设股价将会向均值回归，从而完成模型。与此不同，机器学习的模型不需要特别的理论，直接从数据开始。

直接从数据开始创建模型可以说是艰苦过程的开端。提出假设并创建模型应以拥有某种明确的想法为前提，所以余下的过程就是确认自己的想法是否正确。如果发现是错误的，那么只要修改既有假设或者重新提出假设即可。

但是机器学习需要通过数据寻找一些东西，有时甚至要在不清楚目标是什么的状态下进行，这时可能连如何开始都不得而知。

对机器学习的常见误解之一是，相信只要输入数据，机器学习就能自动获得结果。前文中也提到，机器学习中最重要的不是深度学习、支持向量机、随机森林等算法，也不是能够顺利执行机器学习的强大计算机能力，而是数据。根据向机器学习提供的数据的不同，机器学习能够让大家展露微笑，也能让各位深深叹气。

准备机器学习将要使用的数据是用户应该做的事情，是主观想法积极介入的过程，因为需要根据自己的想法选择输入变量、消除离群值、补足数据，然后用恰当的形态进行加工。

幸运的是，算法交易中，机器学习的目的十分明确，所以能够比较容易得到优质数据。毋庸置疑的是，应用机器学习的目的是通过机器学习创建高预测能力的 α 模型，然后将其应用于算法交易并创造利润。因此，机器学习的第一阶段目标是创建提醒创收机会的、可信度高的 α 模型。

创建 α 模型时，最重要的就是选定输入变量。机器学习算法通过自己的方法推导出输入值之间的关系并完成模型，所以影响输出变量的输入变量越多（并非多多益善），预测能力越强。

因此，创建机器学习模型时，收集原始数据之后首先要做的就是仔细观察输入变量。

如果选择了合适的输入变量，那么对数据进行适当加工以后，再用机器学习算法训练就能掌握结果的预测性能。这与开发算法交易中要使用的模型并无太大区别。

4.5.1 特征选择

特征选择是选择机器学习中将要使用的变量，又称变量选择或属性选择。选择和输出变量相关性强的输入变量并以此提高预测能力，是特征选择的目标之一。另一大目标是，选择的输入变量要使进行特征选择的人便于理解。

即便利用机器学习，最重要的数据也需要由人来创建。如果想获得好的结果，需要选择与输出变量有一定关联的输入变量，挑选过程中必然需要人的判断。例如，假设预测股价时要将新闻数据用作输入变量以提高预测能力。如果已经收集了所需的新闻数据，那么现在要进行特征选择。对所有新闻数据和输出变量之间的相关关系进行分析后，如果得出“财经新闻和娱乐新闻存在预测能力”的结果，那么需要认真思考何种决定才是正确的特征选择。

从常理来看，财经新闻必然和股价预测有一定联系，因此可以将它用作特征。但是娱乐新闻则不同，我们必须判断这个结果是指娱乐新闻与股价预测有联系，还是数据上存在错误、相关关系分析上存在问题，或者只是巧合。

这些决定必须由人来做，所以对输入变量的理解程度十分重要。也许会有人认为，在训练中使用更多数据可能获得更好的结果。这种想法无可厚非，但事实往往截然相反。

粗略来讲，机器学习算法必须根据既有数据完成模型，而机器学习的这一特征经常会引发过拟合问题。

如图 4-8 所示，这个问题是区分用 × 和○表示的数据，即分类。“欠拟合”的情况过于单一，在区分数据时经常出现错误；“过拟合”则因为对数据的优化程度太高，所以预测能力低下；二者之间恰当均衡的分类就是中间的“正常”情况。

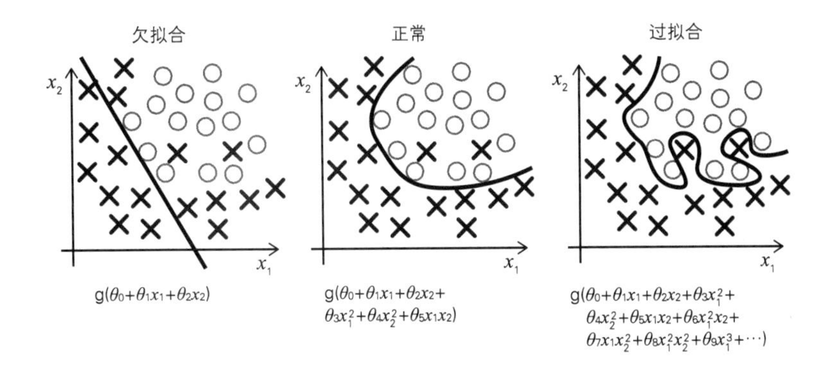

图 4-8　三种拟合方式

过拟合对既有数据的预测能力很强，但是对于未用于训练的数据，它的优势并不突出。因此，进行特征选择时，必须正确选择与合适的输出变量有相关关系的输入变量。

能够用于算法交易的输入变量如下所示。

- **股价数据**：三星电子股价、韩美药品股价等股价数据本身。
- **交易额数据**：股票的交易额数据。
- **指数数据**：KOSPI 指数、KOSDAQ 指数等。
- **外部数据**：汇率、利息等的数据；新闻数据等情感分析中需要的数据。
- **企业数据**：销售额、营业回报率、PBR、PER、EPS 等数据。

此外还有很多输入变量。为了做出符合期望和使用模型的特征选择，我们需要付出很多努力。

4.5.2　是价格还是方向

前面讲过，从原理上看，机器学习能够解决的问题是回归、分类和聚类。为了创建能够应用于算法交易的机器学习模型，需要明确自己期望的结果是什么，并将其定义为符合结果的问题。例如，想要利用机器学习预测股价，那么应该将其定义为回归问题；如果想要知道股价的走势是上涨还是下跌，那么应该定义为分类问题。

问题的性质不同，能够应用的机器学习算法也不同，数据的生成自然也会受到影响。预测股价是用机器学习寻找能够表现股价趋势的某种模式，然后利用这一模型推测未来的股价，比如预测现在 10 美元的股价之后会变为多少就是典型的回归问题。

将预测股价的走势定义为分类问题，预测能力可能会更强。股价是随机游走的，存在未来股价不受现股价影响的独立关系，所以股价上涨或下跌的概率各占 50%。就像掷硬币一样，只要猜是上涨还是下跌即可。本书将预测股价的方向定义为分类问题并创建模型。

4.6 分类模型

开发机器学习模型前，将预测股价走势定义为分类问题，并选择与其相符的算法。分类可以用于回答“Yes or No”问题，比如“明天会不会下雨?”“韩日棒球赛韩国会赢吗?”“明天三星电子的股价会涨吗?”等。我们想要处理的问题大多数是垃圾邮件过滤、文本分类、图像识别等，所以分类在机器学习中占据了十分重要的位置，拥有许多算法和使用方法。

分类和回归一样，对输入变量之间的相关关系进行分析和预测，但区别在于它的结果是离散值，而不是连续值，所以预测的方式与回归不同。下面介绍分类中使用的主要算法。

4.6.1 逻辑斯蒂回归

逻辑斯蒂回归是呈现离散变量之间相关关系的模型，二元结果为 0 或者 1（扩大二元结果的概念可能得到多个结果），也称为 Logit 回归。因为名中带有“回归”，大家可能认为是回归的一种，但它其实是分类算法，因为其得名于对线性回归构想的扩展。

逻辑斯蒂回归的出发点是条件概率。如果输出变量条件分布的依据是输入变量的值，那么输入变量的值可以被视为准确度的概率。例如，如果预测股价走势的逻辑斯蒂回归结果值是 0.65，那么意味着股价走势“将上涨的概率为 65%”。

如果想利用逻辑斯蒂回归，那么需要寻找概率函数 $p(x)$。$p(x)$ 是线性函数，它的值应该满足 0 ~ 1 的范围。逻辑斯蒂回归的输入变量虽然可以使用连续值和离散值，但是输出变量的值必须为 0 ~ 1。然而，如果使用线性回归，那么得出的值是多样的，不会仅限于 0 ~ 1。

为了解决这样的问题，在逻辑斯蒂回归中应用逻辑斯蒂函数。

$$f(x)=\frac{1}{1+\mathrm{e}^{-(\beta_0+\beta_1 x)}}$$

逻辑斯蒂函数如图 4-9 所示。

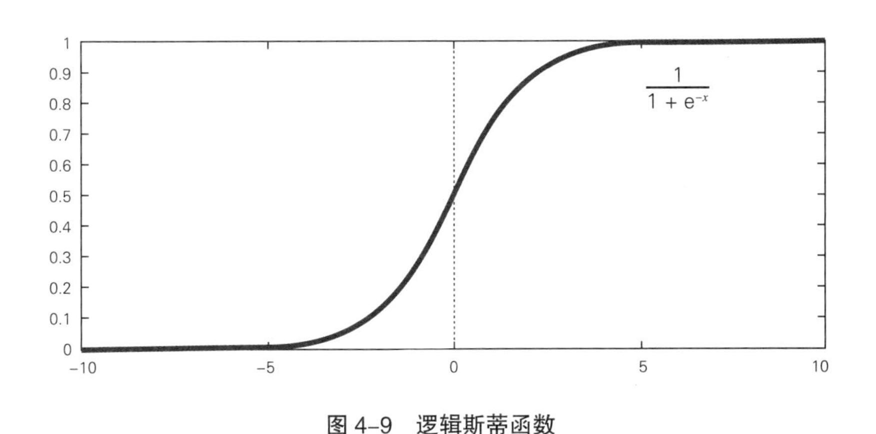

图 4-9　逻辑斯蒂函数

从图中可知，x 值不限正负，但是输出值 y 应为 0 ~ 1。逻辑斯蒂回归中所需的函数是概率函数 $p(x)$，所以将逻辑斯蒂函数用作输出变量函数的话，值为 0 ~ 1，这样就能解决前文中提到的问题。因此，创建逻辑斯蒂回归模型时，需要找到能够决定输出函数——逻辑斯蒂函数斜率的两个参数 β_0 和 β_1 的值。

这种寻找参数值的过程称为模型拟合。最常用的方法是最大似然估计，它能够找到得出最大概率的参数。利用 Python 机器学习库 scikit-learn 能够轻松搞定模型拟合的相关工作。

4.6.2 决策树和随机森林

决策树是机器学习算法的一种，它将输入变量的特征映射到树形结构中并对其进行分类，其形状像一棵树，所以又称“分类和回归树”。它能够用于分类和回归，性能优异，非常受欢迎。从图 4–10 可以直观理解决策树。

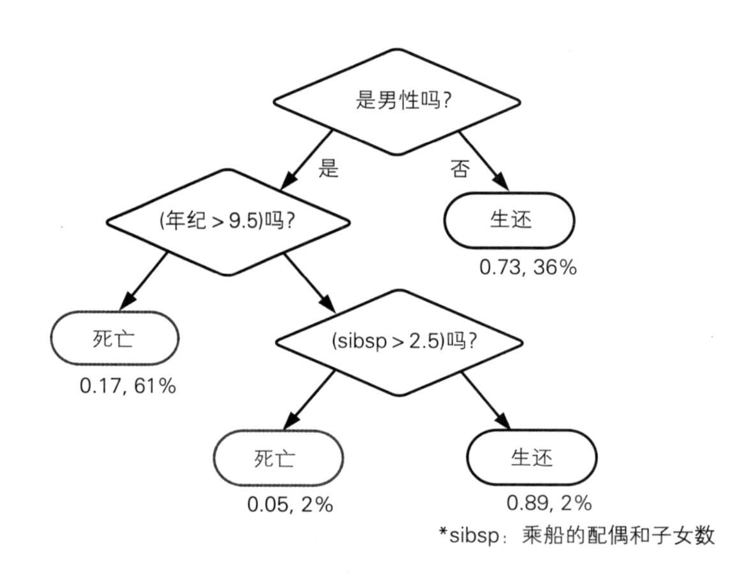

图 4–10 “泰坦尼克”号乘客生还与否的决策树[①]

如图 4–10 所示，决策树可以计算输入变量值的相关概率。输入变量的特征是“乘客年龄大于 9.5 岁，那么死亡的概率是 61%”“非男性的生还概率为 36%”等形式，以此计算不同特征的概率值。

如果想要计算某个问题的概率，那么将这个值放入决策树，像沿梯子一样向下计算

① 出处：By Ehwaz_k,CC BY-SA3.0, https://goo.gl/lisqo2

就能得到最终概率。决策树的优点之一是便于理解。支持向量机或神经网络等机器学习算法因为艰难晦涩，被视作难以理解的黑箱；而决策树则如图 4–10 所示，结构简单清晰，易于理解，还能够把握输入变量的重要程度，所以经常用于特征选择，能够很好地处理大规模数据。

随机森林是使用多个决策树的集成学习方法。在机器学习中，集成学习方法为了获得更好的结果，使用多个算法或者模型提高预测能力。

请看图 4–11。

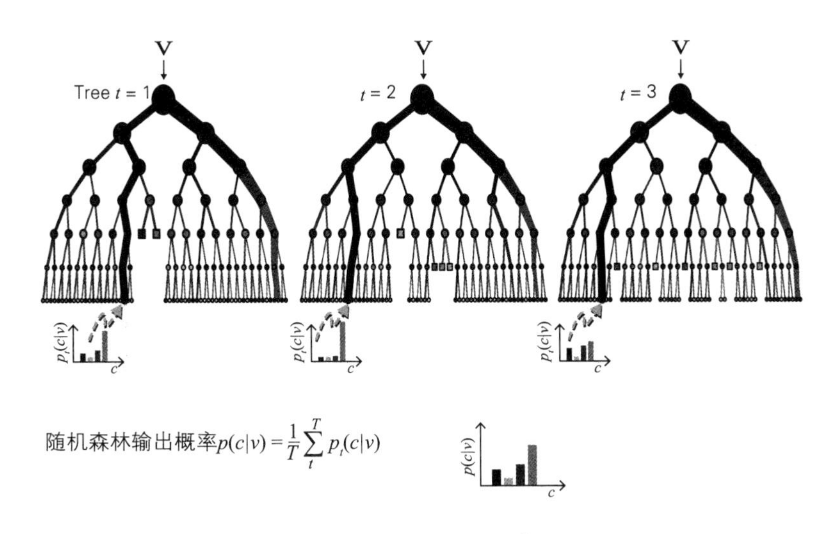

图 4–11 随机森林 ①

图 4–11 中有 3 个不同的决策树。随机森林在数据进入后，利用 3 个不同的决策树对其进行预测，并将预测值整合以得出最终预测值。比如，询问三名股票专家明天的股票是否会上涨时，两个人说会上涨，一个人说会下跌。2/3 的人回答了上涨，所以上涨概率为 66.6%。随机森林就是这样计算概率的。

随机森林是非常优质的机器学习算法之一，与决策树一样适用于回归和分类问题，

① 出处：http://goo.gl/xOZFwr

它的训练时间相对较短，广泛应用于多个方向。

4.6.3 支持向量机

支持向量机是深度学习流行之前最受欢迎的机器学习算法之一。其性能优异，能够使用线性和非线性数据，可以处理大容量数据，广泛应用于各个领域。

支持向量机的基本构想是，寻找能够分类既有数据的最优分界线，在需要分类的数据进来后，根据分界线位置的不同对其进行分类。判定边界是位于数据边缘的多个分界线中距离最远的，判定边界附近的数据称为支持向量。

例如，假设现在要制作分类 Iris 花品种的机器学习程序。为了简化问题，假设要把 Iris 花分为 Setosa 和 Versicolor 这两个品种，黑色的圆是 Setosa，白色的圆是 Versicolor。用散点图绘制既有数据，如图 4–12 所示。

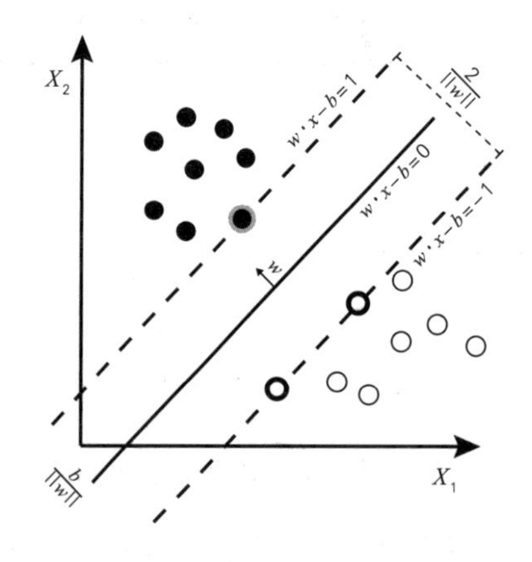

图 4–12　蝴蝶花品种散点图支持向量机

在这种情况下，支持向量机将区分 Setosa 和 Versicolor 的多条线中，距离值 w 最大的分界线定为判定边界。决定判定边界时使用的数据，即虚线表示的两条线之间的数据就是支持向量。

如果能用直线等线性方式分离判定边界，那么可以使用这种方法进行分类；但是如果不能这么做，则要使用核方法分类数据。

图 4-13 展示了核方法的概念，可以看出，支持向量机是怎样分类黑色圆和白色圆的。如图所示，白色圆和黑色圆不能用直线等形式的线性判定边界分类。在这种情况下，支持向量机使用核方法，将数据的原本所在地输入空间转换为另一个维度的特征空间，以此寻找判定边界。

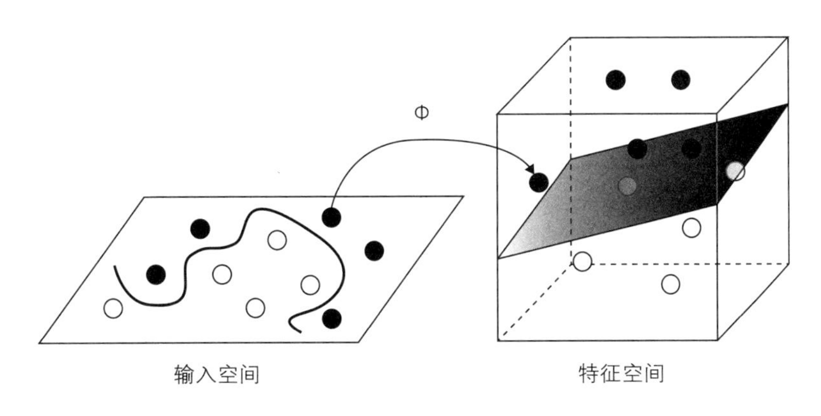

图 4-13　核方法[①]

虽然支持向量机比较难理解，但是用户只要掌握基本概念就能轻松利用 scikit-learn 库使用支持向量机。

4.7 实现机器学习模型

下面利用 Python 和 scikit-learn 库，使用前文提到的三个机器学习算法，实现能够预测股价走势的股价走势预测变量。scikit-learn 库包含许多算法和相关工具，是开发机器学习时必备的内容，现在已经实现了文档化。库的使用方法也具有一贯性，所以开发效

① 出处：http://goo.gl/622NV9

率更高。

股价走势预测变量的基本概念是，利用前一天的收盘价或者交易额数据预测第二天的股价走势。用户可以在收盘价或者交易额中选择一个作为输入变量，也可以同时使用两个值。另外，还要确定预测标准是一天前的数据还是三天前的数据。

4.7.1 数据集

用于训练和测试股价走势预测变量的数据集使用了前文“雅虎财经”中收集的股价数据。创建一个数据集，按照一定的标准对其进行分类，然后用于训练和测试。

训练数据集用于训练股价走势预测变量，同时利用该数据完成各股价走势预测变量的模型。测试数据集用于测试已完成的股价走势预测变量，不能与训练数据集重合，当然也就不能用于训练。如果将测试数据集用于训练，那么测试集的数据会对有关模型造成影响，从而不能进行准确测试。

一般来说，如果把训练数据集和测试数据集的整体看作 100，那么使用时经常将其比例分为 75 ：25。虽然可以根据需要调整这个比例，但是如果训练数据太少，那么会发生欠拟合，反之则会发生过拟合。把握股价走势预测变量的性能时，所需的测试资料不足也会导致测试结果可信度低下。

下面的代码是创建数据集的 make_dataset() 函数。

```
def make_dataset(df, time_lags=5):
    df_lag = pd.DataFrame(index=df.index)
    df_lag["Close"] = df["Close"]
    df_lag["Volume"] = df["Volume"]

    df_lag["Close_Lag%s" % str(time_lags)] = df["Close"].shift(time_lags)
    df_lag["Close_Lag%s_Change" % str(time_lags)] = df_lag["Close_Lag%s" % str(time_
```

```
lags)].pct_change()*100.0

    df_lag["Volume_Lag%s" % str(time_lags)] = df["Volume"].shift(time_lags)
    df_lag["Volume_Lag%s_Change" % str(time_lags)] = df_lag["Volume_Lag%s" % str(time_
lags)].pct_change()*100.0

    df_lag["Close_Direction"] = np.sign(df_lag["Close_Lag%s_Change" % str(time_lags)])
    df_lag["Volume_Direction"] = np.sign(df_lag["Volume_Lag%s_Change" % str(time_lags)])

    return df_lag.dropna(how='any')
```

make_dataset() 函数的作用在于，以参数 DataFrame 的数据为基础，得出并返回要用于训练和检验的 DataFrame。

输入变量 df_lag["Close"] 是收盘价，df_lag["Volume"] 是成交量，df_lag["Close_Lag%s"] 和 df_lag["Volume_Lag%"] 是用户指定日期的收盘价和交易额。

在预测未来的股价走势时，分类使用过去的数据，而 time_lags 参数则要以当前日期为标准，选择要使用几天前的数据。例如，time_lags=1，那么当前日期 -1，即创建数据时要以前一天的数据为标准预测；如果 time_lags=5，要用 5 天前的数据预测。

pct_change() 函数由 pandas 提供，用百分比计算既有数据变化。预测股价走势的分类是监督学习，因此要创造与输入变量相匹配的输出变量。例如，如果收盘价是 1000，那么要把这个值上涨后或是下跌后的值作为输出变量。带有 Direction 后缀的就是输出变量。

代码中有 Close_Direction 和 Volume_Direction，前者是股价走势，后者是成交量走势。例如，如果股价比前一天上涨，那么 Close_Direction 的值 +1，下跌则 Close_Direction 的值 -1。表示交易额走势的 Volume_Direction 亦是如此。

4.7.2 拆分数据集

如果利用 make_dataset() 函数创建了要在股价走势预测变量中使用的数据集，那么它应该分为用于训练的数据集和用于测试的数据集。split_dataset() 函数将现有数据集按照一定比例拆分为用户指定的输入变量和输出变量。

```
def split_dataset(df,input_column_array,output_column,spllit_ratio):
   split_date = get_date_by_percent(df.index[0],df.index[df.shape[0]-1],spllit_ratio)

   input_data = df[input_column_array]
   output_data = df[output_column]

   X_train = input_data[input_data.index < split_date]
   X_test = input_data[input_data.index >= split_date]
   Y_train = output_data[output_data.index < split_date]
   Y_test = output_data[output_data.index >= split_date]

   return X_train,X_test,Y_train,Y_test

def get_date_by_percent(start_date,end_date,percent):
   days = (end_date - start_date).days
   target_days = np.trunc(days * percent)
   target_date = start_date + datetime.timedelta(days=target_days)
   return target_date
```

input_column_array 参数以数组形式传递输入变量 DataFrame 的列名，output_column 是要用作输入变量的列名。split_ratio 指拆分后训练集和测试集各自的比例。例如，假如将各参数设置为 input_column_array =["Close"]、Output_column = "Close_Direction"、split_ratio=0.75，那么 df_lag["Close"] 是输入变量，df_lag["Close_Direction"] 是输出变量，全部数据

集的 75% 是训练数据集，25% 是测试数据集。

get_date_by_percent() 函数计算既有数据的开始日期和截止日期的天数，根据用户指定的 split_ratio 进行计算后返回天数。因为这是时间序列数据，所以要用于训练和测试的数据并不是随机抽取的，而是以时间为标准划分的。

X_train 是训练中要使用的输入变量，Y_train 是训练中要使用的输出变量，X_test、Y_test 是测试中要使用的数据集。

4.7.3 生成股价走势预测变量

数据集已经准备完成，下面开始编写预测程序。scikit-learn 与正在使用的逻辑斯蒂回归、随机森林、支持向量机等机器学习算法没有关系，它使用同样的方法创建预测程序。代码非常简单，一目了然。

```
def do_logistic_regression(x_train,y_train):
   classifier = LogisticRegression()
   classifier.fit(x_train, y_train)
   return classifier

def do_random_forest(x_train,y_train):
   classifier = RandomForestClassifier()
   classifier.fit(x_train, y_train)
   return classifier

def do_svm(x_train,y_train):
   classifier = SVC()
   classifier.fit(x_train, y_train)
   return classifier
```

do_logistic_regression() 函数生成以 logistic_regression 为基础的预测程序，do_random_forest() 函数生成基于 random_forest 的预测程序，进行训练后返回。从代码中可知，它不受算法影响，编码形态相同，十分便利。各算法的参数可以在生成时得到传递。例如，如果想指定支持向量机的参数 gamma 和 C 值，可以使用如下代码。

```
classifier = SVC(gamma=0.001, C=100)
```

fit() 函数在算法中训练既有的训练数据集，得到的参数是输入变量和输出变量。

4.7.4 股价走势预测变量的运行和评价

将前文提到的内容全部编写为代码，然后对各个机器算法的股价走势预测能力进行评价。

```
def make_dataset(df, time_lags=5):
    df_lag = pd.DataFrame(index=df.index)
    df_lag["Close"] = df["Close"]
    df_lag["Volume"] = df["Volume"]

    df_lag["Close_Lag%s" % str(time_lags)] = df["Close"].shift(time_lags)
    df_lag["Close_Lag%s_Change" % str(time_lags)] = df_lag["Close_Lag%s" % str(time_
lags)].pct_change()*100.0

    df_lag["Volume_Lag%s" % str(time_lags)] = df["Volume"].shift(time_lags)
    df_lag["Volume_Lag%s_Change" % str(time_lags)] = df_lag["Volume_Lag%s" % str(time_
lags)].pct_change()*100.0

    df_lag["Close_Direction"] = np.sign(df_lag["Close_Lag%s_Change" % str(time_lags)])
```

```
    df_lag["Volume_Direction"] = np.sign(df_lag["Volume_Lag%s_Change" % str(time_
lags)])

    return df_lag.dropna(how='any')

def split_dataset(df,input_column_array,output_column,spllit_ratio):

    split_date = get_date_by_percent(df.index[0],df.index[df.shape[0]-1],spllit_ratio)

    input_data = df[input_column_array]
    output_data = df[output_column]

    X_train = input_data[input_data.index < split_date]
    X_test = input_data[input_data.index >= split_date]
    Y_train = output_data[output_data.index < split_date]
    Y_test = output_data[output_data.index >= split_date]

    return X_train,X_test,Y_train,Y_test

def get_date_by_percent(start_date,end_date,percent):
    days = (end_date - start_date).days
    target_days = np.trunc(days * percent)
    target_date = start_date + datetime.timedelta(days=target_days)
    return target_date

def do_logistic_regression(x_train,y_train):
    classifier = LogisticRegression()
    classifier.fit(x_train, y_train)
    return classifier

def do_random_forest(x_train,y_train):
    classifier = RandomForestClassifier()
    classifier.fit(x_train, y_train)
    return classifier
```

```
def do_svm(x_train,y_train):
    classifier = SVC()
    classifier.fit(x_train, y_train)
    return classifier

def test_classifier(classifier,x_test,y_test):
    pred = classifier.predict(x_test)

    hit_count = 0
    total_count = len(y_test)
    for index in range(total_count):
        if (pred[index]) == (y_test[index]):
            hit_count = hit_count + 1

    hit_ratio = hit_count/total_count
    score = classifier.score(x_test, y_test)

    return hit_ratio, score

if __name__ == "__main__":
    for time_lags in range(1,6):
        print "- Time Lags=%s" % (time_lags)
        for company in ['samsung','hanmi']:
            df_company = load_stock_data('%s.data'%(company))

            df_dataset = make_dataset(df_company,time_lags)
            X_train,X_test,Y_train,Y_test = split_dataset(df_dataset,["Close_
Lag%s"%(time_lags)],"Close_Direction",0.75)
            #print X_test

            lr_classifier = do_logistic_regression(X_train,Y_train)
            lr_hit_ratio, lr_score = test_classifier(lr_classifier,X_test,Y_test)
```

```
        rf_classifier = do_random_forest(X_train,Y_train)
        rf_hit_ratio, rf_score = test_classifier(rf_classifier,X_test,Y_test)

        svm_classifier = do_svm(X_train,Y_train)
        svm_hit_ratio, svm_score = test_classifier(svm_classifier,X_test,Y_test)

        print "%s : Hit Ratio - Logistic Regreesion=%0.2f, RandomForest=%0.2f,
SVM=%0.2f" % (company,lr_hit_ratio,rf_hit_ratio,svm_hit_ratio)
```

以上代码将三星电子股价和韩美药品股价作为输入变量，`time_lags` 在 1~5 变化，输出预测值的准确率，结果如下。

运行结果1

```
- Time Lags=1
samsung : Hit Ratio - Logistic Regreesion=0.50, RandomForest=0.55, SVM=0.55
hanmi : Hit Ratio - Logistic Regreesion=0.53, RandomForest=0.37, SVM=0.37
- Time Lags=2
samsung : Hit Ratio - Logistic Regreesion=0.51, RandomForest=0.46, SVM=0.46
hanmi : Hit Ratio - Logistic Regreesion=0.54, RandomForest=0.34, SVM=0.34
- Time Lags=3
samsung : Hit Ratio - Logistic Regreesion=0.49, RandomForest=0.49, SVM=0.49
hanmi : Hit Ratio - Logistic Regreesion=0.54, RandomForest=0.41, SVM=0.41
- Time Lags=4
samsung : Hit Ratio - Logistic Regreesion=0.41, RandomForest=0.51, SVM=0.51
hanmi : Hit Ratio - Logistic Regreesion=0.54, RandomForest=0.36, SVM=0.36
- Time Lags=5
samsung : Hit Ratio - Logistic Regreesion=0.41, RandomForest=0.49, SVM=0.49
hanmi : Hit Ratio - Logistic Regreesion=0.54, RandomForest=0.39, SVM=0.39
```

使用逻辑斯蒂回归得到的评价准确率为 54%，对韩美药品股价的预测能力高于三星电子，支持向量机和随机森林对三星电子的预测能力没有太大差异。

输入股价和交易额两个变量，运行后得到如下结果。

运行结果 2

```
- Time Lags=1
samsung : Hit Ratio - Logistic Regreesion=0.47, RandomForest=0.50, SVM=0.50
hanmi : Hit Ratio - Logistic Regreesion=0.55, RandomForest=0.57, SVM=0.57
- Time Lags=2
samsung : Hit Ratio - Logistic Regreesion=0.47, RandomForest=0.53, SVM=0.53
hanmi : Hit Ratio - Logistic Regreesion=0.54, RandomForest=0.54, SVM=0.54
- Time Lags=3
samsung : Hit Ratio - Logistic Regreesion=0.46, RandomForest=0.54, SVM=0.54
hanmi : Hit Ratio - Logistic Regreesion=0.53, RandomForest=0.44, SVM=0.44
- Time Lags=4
samsung : Hit Ratio - Logistic Regreesion=0.49, RandomForest=0.44, SVM=0.44
hanmi : Hit Ratio - Logistic Regreesion=0.59, RandomForest=0.49, SVM=0.49
- Time Lags=5
samsung : Hit Ratio - Logistic Regreesion=0.47, RandomForest=0.49, SVM=0.49
hanmi : Hit Ratio - Logistic Regreesion=0.53, RandomForest=0.51, SVM=0.51
```

使用逻辑斯蒂回归计算三星电子的平均准确率时，如果输入变量只有股价，那么为46.4%；如果输入股价和交易额，那么准确率为47.2%，提高了0.8%。

4.8 时间衰减效应

前面为了创建算法交易所需的 α 模型，我们介绍了使用均值回归和机器学习的两种模型的概念和内容。粗略来说，介绍这些模型并不只是为了说明理论。特别是均值回归模型，其基本概念和实现方法与算法交易中实际投资时使用的模型非常类似。

区别在于，适用于实际投资环境的模型应该更加精致，要与运行算法交易时使用的战略相符合，才能实现优化。大家通过自己的努力和创意，改善并有策略地运行前文介绍的模型，才能得到好的结果。

算法交易的总体趋势是，用相对简单的模型代替复杂而专业的数学模型，根源就在于本节标题——时间衰减效应。

假设我们偶然之间或者经过不懈努力后找到了能够创造巨大利润的模型。模型开发人员肯定希望自己找到的 α 模型可以继续创造利润，但是这只是希望，无法在现实世界中实现。世界上没有人能够仅靠一个 α 模型持续获得回报。

创建 α 模型后，经过一定时间的纸上测试，努力在实际交易中进行测试和调整；之后某一段时间开始创造利润，然后回报率开始慢慢下跌，这是大部分 α 模型增长和衰退的态势。最初的优势像这样随着时间的流逝而消退的过程称为时间衰减效应。

算法交易可以说是与时间衰减效应的斗争。无论怎样都要创建 α 模型，最大限度阻止 α 模型的时间衰减效应，同时要创造利润。优势消失时重新创建 α 模型，或者改变执行策略，或者一直等到它再次展现优势。

产生时间衰减效应的原因有很多，大致可以归纳为两类。

第一，算法交易的泛滥。如前所述，美国 2012 年由算法交易实现的成交量超过总体的 85%，许多金融机构和对冲基金都在使用算法。他们使用的算法交易并没有想象中那么多样，所以经常会使用相似的数学理论和模型进行算法交易。因此，经常会出现自己寻找的 α 模型被其他算法交易系统影响而效果减弱的情况，或者发现费尽力气找出来的优势不能持续很长时间。高频交易备受欢迎也与此有关。

第二，股价受带漂移项的随机游走过程影响。如图 4–14 所示，带漂移项的随机游走过程的波动性不是固定的，它是持续变化的模型。最开始波动较弱，随着时间的流逝，波动性不断增强。

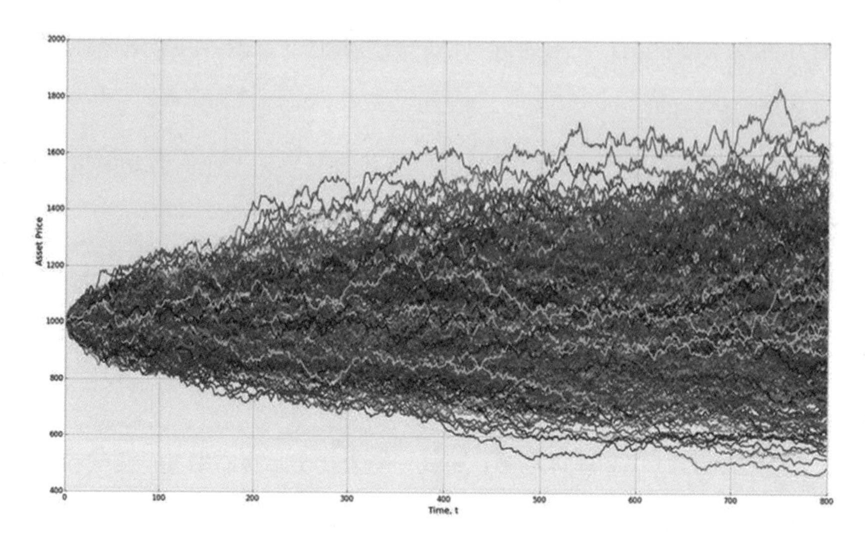

图 4–14　为什么很难预测？[①]

最开始应用 α 模型时，波动性相对较小，所以预测能力很强。但是随着时间的流逝，波动性不断变大，预测能力自然会下降。

现在的情况是，因为算法交易的普及，前文提到的算法交易泛滥因为带漂移项的随机游走过程带来的波动性，引起了更大的波动，时间衰减效应现象更加严重。不论什么理由，在决定使用算法交易的瞬间，各位就注定要不停地计算模型和算法交易系统，以确保优势。

但是，不必就此而将波动性视为洪水猛兽。正因为具有波动性，才能进行算法交易，所以我们反而要感谢它的存在。如果股价和各种金融商品没有波动性，始终如一地发展，那么股市等金融市场从一开始就不可能存在。我们应当享受波动性。

① 出处：http://goo.gl/L2RGKr

第5章 实现算法交易系统

本章将实现简单的算法交易系统。利用前文提到的均值回归模型和机器学习模型，我们寻找可以应用算法交易的股票，并使用有关股票的数据完成模型，输入实际数据，计算预测能力。

5.1 节将对算法交易系统进行简单的介绍，并对普通算法交易系统结构图和各部分的功能进行说明，同时讲解本章想要开发的算法交易系统的整体功能和概要。5.2 节将讨论语言、使用的库和编程环境，5.3 节介绍进行算法交易时所需数据的获取来源和方法，并用 DataCrawler 类实现。

本章和第 6 章是有关实现的具体内容，附有大量代码，介绍时将跳过基础事项，以有意义的代码为主。

5.1 普通算法交易系统的构成

算法交易现在能够处理 90% 以上的交易，可谓金融领域的中流砥柱。算法交易系统不需要人的介入，根据制定的模型买卖股票，流动资金少则数千万美元，多则上亿。很小的编程错误或者模型性能不同就可能导致巨大的损失，所以我们对它的重视程度超过其他所有 IT 系统。

那么，华尔街或对冲基金以创收为目的的算法交易拥有什么样的结构呢？图 5-1 展示了常用的算法交易系统的功能和结构。

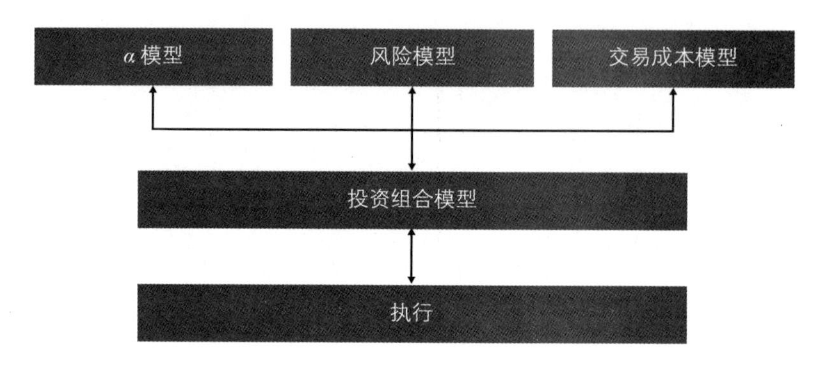

图 5-1　普通算法交易系统的方块图

根据实际实现算法交易系统的人、公司和目的的不同，细节图可能有所不同，但一般都如图 5-1 所示。该图只表现了与算法交易有直接联系的内容，省略了掌握已开发的算法交易系统性能时所需的回测，或数据存储时所需的部分。5 个方块的含义如下。

- **α 模型**：预测股价或股价走势，可以单独使用，也可以同时使用多个。
- **风险模型**：计算交易时预测错误导致的亏损、可能出现亏损的概率等风险度。
- **交易成本模型**：计算实际交易时产生的手续费、税金等费用。
- **投资组合模型**：利用 α 模型、风险模型、交易成本模型的结果值，决定是否进行交易和交易规模。
- **执行**：根据投资组合模型的决策进行实际交易。

这 5 个方块中，最重要的是投资组合模型，它是算法交易的核心，需要投入最多技术，决定最终是否交易和交易规模，并且和利润直接相关。

算法交易系统的构成十分有趣。因为不停寻找交易机会的 α 模型和不停计算交易风险的风险模型同时存在，而投资组合模型则通过这两个模型的数值决定是否进行交易。比如，投资组合模型可以说是最终决策者，其中 α 模型持肯定观点，一直主张能够创造利润；风险模型则持否定观点、主张 α 模型提出的交易机会会带来损失，并说明这个概率有多大。投资组合模型听了双方的意见后，利用自身的逻辑决定最终是否进行交易。这种结构在人类社会中很常见。

由于高频交易备受欢迎，所以执行模块也成为重要的一部分。如果投资组合模型决定买入，那么能以多快的速度购买到所需的量，会对利润造成重要影响。例如，假设要购买 10 000 股的股票，这不是个小数目，不可能一次性买入。此时要考虑应该分几次购买、怎样购买才能使利润最大化。执行模块主要探讨的就是这类问题。

5.2 实现系统的概要

我们要实现的算法交易系统只是初级水平，着眼点在于用实际的程序代码编写前面介绍的模型，并对其进行测试。上述模型并不能应用于所有股票，尤其是均值回归模型。我们在多个股票中找到拥有平稳过程特征的股票，并向其应用均值回归模型，这是均值模型的核心构想，所以寻找股票的过程中，需要某些条件。

机器学习使用的方式是，利用呈现训练品质的分数，以一定标准筛选。无论是应用机器学习还是应用均值回归模型，其根本都应是收集相关的股价数据，因此，需要从“雅虎财经”下载所需的股价数据，并将其保存到数据库。

用已下载的数据选择要在算法交易中使用的股票后，应当将其用于过去的数据，并查看准确率。均值回归模型利用增广迪基－福勒检验、赫斯特指数和半衰期，选择相对更适合算法交易的股票，机器学习模型则利用分数等选择性能优质的模型。即便如此，对要用于算法交易的模型性能进行评价时，依然存在局限。因为为了找出并完成这一模型而寻找合适参数的过程等针对的是过去的数据，而不是我们想知道的未来的数据。

为了寻找完成模型时所需的参数，如果按照过去的数据进行优化，那么对其可能呈现优质性能，但是针对感兴趣的未来数据时，结果往往会非常糟糕。因此，选择和评价合适的模型与模型的开发同样重要。

下面简单实现一个算法交易系统，整体情况如图 5-2 所示。

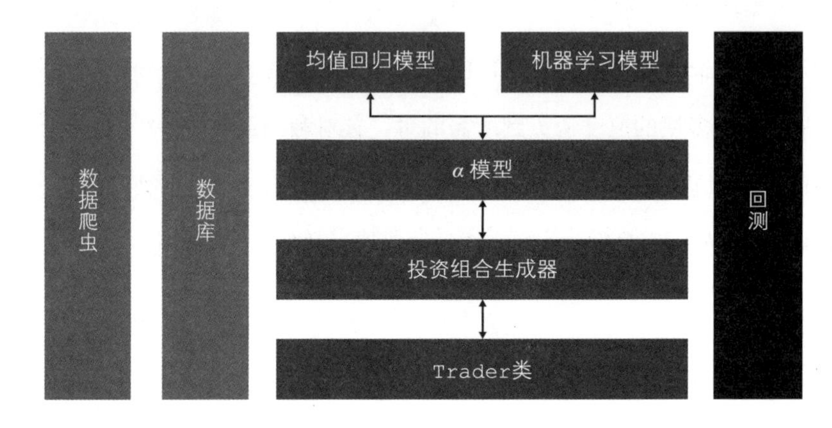

图 5-2　算法交易系统方块图

各方块含义如下。

- **数据爬虫**：下载“雅虎财经”指定的股价数据，将其保存到 MySQL 数据库。
- **数据库**：MySQL 数据库，保存股价数据和股票代码数据。
- **均值回归模型**：有寻找平稳过程所需的增广迪基 - 福勒检验、赫斯特指数、半衰期三种方法。
- **机器学习模型**：预测股价上涨 / 下跌方向的分类器，有逻辑斯蒂回归、随机森林、支持向量机这三种算法。
- **α 模型**：与均值回归模型和机器学习模型等 α 模型相关的抽象模型。
- **投资组合生成器**：利用均值回归模型和机器学习模型，选定适合算法交易的股票，并对这些股票进行管理。
- **`Trader` 类**：使用投资组合生成器中保存的股票，进行买入卖出等交易。
- **回测**：使用过去的数据计算预测准确率。

希望大家注意，本书实现的算法交易系统比实际投资中使用的算法交易更加轻量化，主要着眼点在于如何将书中内容与算法交易联系起来。

5.3 开发环境

以下是开发算法交易系统时需要的环境。

- **语言**：Python 2.7
- **操作系统**：支持 Python 相关库的 Linux、OS X、Windows 等
- **数据库**：MySQL
- **库**
  - pandas：金融数据库
  - Numpy：科学计算库
  - matplotlib：图标库
  - Beautiful Soup：数据收集库
  - MySQLdb：MySQL 库
  - scikit-learn 机器学习库
  - Statsmodels：统计库

可以根据自身喜好选择支持 Python 和库的环境，大部分库都比较容易安装，利用 Anaconda 等安装程序可以一次性安装 Python 和相关库，十分便利。

5.4 数据爬虫实现

算法交易系统中，第一个要开发的部分是收集股价数据的数据爬虫。数据爬虫利用 pandas 功能从“雅虎财经”收集数据，并将其保存到 MySQL。为此，我们需要知道想下载的股票的代码值。

已下载的数据是时间序列数据，所以形式是“日期 + 数据值”。根据收集方法和来源的不同，数据可能非常大，所以想要处理大容量数据时，最好用时间序列专业数据库

openTSDB 或 InfluxDB 代替 MySQL。

5.4.1 收集股票代码

如果想从“雅虎财经”上获得股价数据，应当输入所需的股票代码值。股票代码可以从 KOSCOM 网站上获取，如图 5-3 所示，分析该画面的 HTML 就能提取股票代码。将提取的股票代码和股票名称（公司名称）保存到集合类。

图 5-3 提取股票代码

下列代码是从图 5-3 的 HTML 中提取的部分内容，包含股票代码和股票名称。

```
<tr align="center">
<td colspan="8" style="PADDING-top: 10px;">
   <select name="stockCodeList" size="10" class="input_select"
style="height: 150px;" onDblClick="javascript:appendItem(document.searchFrm.
stockCodeList,document.searchFrm.selectedStockCodeList);">
   <option value="KR7060310000">(060310)3S</option>
   <option value="KR7095570008">(095570)AJNetworks</option>

   <option value="KR7068400001">(068400)AJRentCar</option>

   <option value="KR7006840003">(006840)AKHoldings</option>

   <option value="KRA006840144">(006840)AKHoldings8R(废除)</option>

   <option value="KR7054620000">(054620)APSystem</option>

   <option value="KR7015671001">(015675)AP宇宙优B(废除)</option>

   <option value="KR7015670003">(015670)AP宇宙通信(废除)</option>
   <option value="KR7211270004">(211270)AP卫星通信</option>
   <option value="KR7152100004">(152100)ARIRANG 200</option>
   <option value="KR7189400005">(189400)ARIRANG ACWorld(合成 H)</option>

   <option value="KR7141240002">(141240)ARIRANG K100EW</option>

   <option value="KR7122090004">(122090)ARIRANG KOSPI50</option>
```

Beautiful Soup 库在进行 HTML 分析时非常有用，可以用于屏幕抓取。

用 `requests.post()` 函数获得股票搜索栏的 HTML，然后用 HTML 标签搜索包含股票代码的部分，不需要编写正则表达式或其他函数就能轻易获得股票代码和公司名称。

downloadCode() 函数从 Koscom 股票搜索器中获得全部股票的代码值，然后转为 HTML。parseCodeHTML() 函数对参数 HTML 进行分析后，提取代码和公司名称，然后添加到管理代码的集合类 StockCode，最后返回集合类。

```
def downloadCode(self,market_type):
   url = 'http://datamall.koscom.co.kr/servlet/infoService/SearchIssue'
   html = requests.post(url, data={'flag':'SEARCH', 'marketDisabled': 'null',
'marketBit':market_type})
   return html.content

def parseCodeHTML(self,html,market_type):
   soup = BeautifulSoup.BeautifulSoup(html)
   options = soup.findAll('option')

   codes = StockCode()

   for a_option in options:
      #print a_tr
      if len(a_option)==0:
         continue

      code = a_option.text[1:7]
      company = a_option.text[8:]
      full_code = a_option.get('value')

   codes.add(market_type,code,full_code,company)

   return codes
```

StockCode 集合类的目的在于管理股票代码，告知代码的添加、删除、搜索情况和股票数等，如下代码所示。

```
class StockCode:
   def __init__(self):
      self.items = {}

   def count(self):
      return len(self.items)

   def clear(self):
      self.items.clear()

   def add(self,market_type,code,full_code,company):
      a_item = StockCodeItem(market_type,code,full_code,company)
      self.items[code] = a_item

   def remove(self,stock_code):
      del self.items[stock_code]

   def find(self,stock_code):
      return self.items[stock_code]

   def iterItems(self):
      return self.items.iteritems()

   def dump(self):
      index = 0
      for key,value in self.items.iteritems():
         print "%s : %s - Code=%s, Full Code=%s, Company=%s" % (index, value.market_
type, key, value.full_code, value.company)
         index += 1
```

收集的数据保存在 MySQLDE 的 codes 表中，模式如表 5-1 所示。

表 5-1 codes 表的模式

模式	数据类型	说明
Id	integer	自动增加（auto increment）
Last_update	varchar 8	最后一次数据更新的日期
Code	varchar 200	股票代码
Full_code	varchar 200	全部股票代码
Market_type	integer	市场种类，1=KOSPI，2=KOSDAQ
Company	varchar 200	股票名称

利用 `DataWriter` 类的 `updataCodeToDB()` 函数，将代码保存到 codes 表。

5.4.2 收集股价数据

股价数据使用 pandas 的 `web.DataReader()` 函数。“雅虎财经”上以天为单位提供开盘价、最高价、最低价、收盘价等条目。韩国预托结算院提供开源 API，通过它可以使用金融术语词典、股票信息服务、衍生证券信息服务等，如图 5-4 所示。

图 5-4 韩国预托结算院股票信息网站

数据收集类 DataCrawler 的 downloadStockDat() 将股票市场种类、股票代码、数据收集开始日期和结束日期指定为参数后，从“雅虎财经”获得数据并返回 pandas 的 DataFrame。在“雅虎财经”上搜索股票时，本来应该在股票代码后加上后缀 .KS 再搜索，此处 makeCode() 函数负责该功能。

updataALLStockData() 函数如果指定了股票市场种类以及数据收集的开始日期和结束日期，那么需要下载该时期内的所有数据并保存到数据库。KOSPI 中有数百支股票，下载所有数据需要耗费很长时间。

```
def downloadStockData(self,market_type,code,year1,month1,date1,year2,month2,date2):
    def makeCode(market_type,code):
        if market_type==1:
            return "%s.KS" % (code)

            start = datetime(year1, month1, date1)
            end = datetime(year2, month2, date2)
        try:
            df = web.DataReader(makeCode(market_type,code), "yahoo", start, end)
            return df
        except:
            print "!!! Fatal Error Occurred"
            return None

    def updateAllStockData(self,market_type,year1,month1,date1,year2,month2,date2,
start_index=1):
        print "Start Downloading Stock Data : %s , %s%s%s ~ %s%s%s" % (market_type,
year1,month1,date1,year2,month2,date2)

        sql = "select * from codes"
        sql += " where market_type=%s" % (market_type)
```

```
        if start_index>1:
            sql += " and id>%s" % (start_index)
            rows = self.dbhandler.openSql(sql).fetchall()

            self.dbhandler.beginTrans()
            index = 1
            for a_row in rows:
                code = a_row[2]
                company = a_row[5]

                data_count = self.getDataCount(code)
                if data_count == 0:
                    print "... %s of %s : Downloading %s data " %
(index,len(rows),company)
                    df_data = self.downloadStockData(market_type,code,year1,month1,date1,
year2,month2,date2)
                    if df_data is not None:
                        df_data_indexed = df_data.reset_index()
                        self.dbwriter.updatePriceToDB(code,df_data_indexed)

                index += 1

            self.dbhandler.endTrans()

            print "Done!!!"
```

DataWriter类的updatePriceToDB()函数将股价数据保存到price表，模式如表5-2所示。

表 5-2　prices 表的模式

模式	数据类型	说明
Id	integer	自动增加 (Auto Increment)
Last_update	varchar 8	最后一次数据更新的日期
Price_date	datetime	股价日期
Code	varchar 200	股票代码
Price_open	integer	开盘价
Price_close	integer	收盘价
Price_high	integer	最高价
Price_low	integer	最低价
Price_adj_close	integer	已调整收盘价
volume	integer	交易额

DataCrawler 类在 data_crawler.py 文件中，使用这个类下载股票代码和股价数据前，需要运行如下代码。

```
crawler = DataCrawler()
crawler.updateAllCodes()
crawler.updateAllStockData(1,2010,1,1,2015,12,1)
```

上述代码使用 DataCrawler 下载所有股票代码，可知 2010 年 1 月 1 日 ~ 2015 年 12 月 1 日的 KOSPI 所有股价。

5.5 实现 α 模型

α 模型负责捕捉所有能够创造利润的机会，此处指均值回归模型和机器学习模型。这些模型有以下两类重要功能。

- **判断模型契合度**：决定某个股票符合哪种模型。

- **决定头寸**：决定买入和卖出的头寸，买入是多头头寸，卖出是空头头寸。

均值回归模型利用增广迪基 - 福勒检验、赫斯特指数、半衰期判断股票的契合度，机器学习模型则利用分数。决定头寸的功能是为了决定拿到股价数据后应该买入还是卖出，与之后的 Trader 类连接可以用于模拟交易。

5.5.1 均值回归模型

以下代码是均值回归模型类，calcADF()、calcHurstExponent()、calcHalflife() 函数用于判断契合度。

```
class MeanReversionModel(AlphaModel):
   def calcADF(self,df):
      adf_result = ts.adfuller(df)
      ciritical_values = adf_result[4]

      return adf_result[0], ciritical_values['1%'],ciritical_values['5%'], ciritical_
values['10%']

   def calcHurstExponent(self,df,lags_count=100):
      lags = range(2, lags_count)
      ts = np.log(df)

      tau = [np.sqrt(np.std(np.subtract(ts[lag:], ts[:-lag]))) for lag in lags]
      poly = np.polyfit(np.log(lags), np.log(tau), 1)

      result = poly[0]*2.0

      return result

   def calcHalfLife(self,df):
      price = pd.Series(df)
```

```
        lagged_price = price.shift(1).fillna(method="bfill")
        delta = price - lagged_price
        beta = np.polyfit(lagged_price, delta, 1)[0]
        half_life = (-1*np.log(2)/beta)

        return half_life

    def determinePosition(self,df,column,row_index,verbose=False):
        current_price = df.loc[row_index,column]

        df_moving_average = pd.rolling_mean(df.loc[0:row_index,column],window=self.
window_size)
        df_moving_average_std = pd.rolling_std(df.loc[0:row_index,column],window=self.
window_size)

        moving_average = df_moving_average[row_index]
        moving_average_std = df_moving_average_std[row_index]

        price_arbitrage = current_price - moving_average

        if verbose:
            print "diff=%s, price=%s, moving_average=%s, moving_average_std=%s" %
(price_arbitrage,current_price,moving_average,moving_average_std)
        if abs(price_arbitrage) > moving_average_std*self.threshold:

            if np.sign(price_arbitrage)>0:
                return SHORT
            else:
                return LONG

        return HOLD
```

determinePosition() 函数根据给定值的不同，决定买入或卖出头寸，利用移动均值和移动均值标准差值决定头寸。例如，假设三星电子现股价为 1 000 000，移动均值是 900 000，标准差是 80 000。从后两个条件而假设三星电子股价遵循正态分布的话，就说明股价在 900 000 ± 80 000 即 820 000 ~ 980 000 移动的概率为 68.3%。但是现股价为 1 000 000，大于 980 000，所以可以判断今后股价下跌的可能性要大于上涨的可能性。因此，这种情况下应当选择卖出空头头寸。

self.threshold 系数在移动均值和现股价的差异大于或者小于移动均值标准差时，指定买入或卖出。因为由用户指定，所以可调整概率。例如，将 self.thershold 指定为 2，那么均值是 –2s，股价在该范围内移动的概率为 95.4%。因此，如果现股价和移动均值的差异大于此处指定的值 2，那么这个值非常不正常，所以可以预测：如果它大于移动均值，将呈现下跌趋势，反之则呈现上涨趋势。

5.5.2 机器学习模型

机器学习模型与前文提到的均值回归模型类似，拥有把握各预测变量性能的 calScore() 函数，和决定买入卖出头寸的 determinePosition() 函数。

calScore() 函数通过 Predictor 类的 trainALL() 函数得出呈现训练结果的分数。determinePosition() 函数通过投票方法决定头寸。投票方法是集成方法（使用多个机器学习算法的方法）之一，顾名思义，该方法遵循少数服从多数原则，将获得最多票数的结果定为最终结果。

机器学习模型中有逻辑斯蒂回归、随机森林、支持向量机这三种预测模型，假设输入值之后，逻辑斯蒂回归得出上涨、随机森林和支持向量机得出下跌的预测值。上涨结果是 1 个、下跌结果是 2 个，后者更多，所以将最终预测值定为“下跌”。

```
class MachineLearningModel(AlphaModel):
    def calcScore(self,split_ratio=0.75,time_lags=10):
```

```
        return self.predictor.trainAll(split_ratio=split_ratio,time_lags=time_lags )
    def determinePosition(self,code,df,column,row_index,verbose=False):
        if (row_index-1) < 0:
            return HOLD

        current_price = df.loc[row_index-1,column]

        prediction_result = 0
        for a_predictor in ['logistic','rf','svm']:

            predictor = self.predictor.get(code,a_predictor)
            pred,pred_prob = predictor.predict([current_price])
            prediction_result += pred[0]

        if prediction_result>1:
            return LONG
        else:
            return SHORT
```

5.6 投资组合生成器

使用 DataCrawler 类下载所需数据后，应当使用该数据选择符合均值回归模型和机器学习模型的股票。要注意的一点是，算法交易中不会选择所有股票或者随机选择几个股票进行交易。这种行为极具风险，必须避免。

算法交易创建能够创造利润的 α 模型后，将其用于交易并创造收益。创建模型时，必须选择拥有某种特征的股票才有可能创造利润。例如，均值回归模型的核心构想是，找出诸多股票中带有均值回归趋势的股票，出发点是假设将要应用均值回归模型。但是，如果要进行交易的股票没有均值回归倾向，那么就不必非要检验应用均值回归模型时的回报率。

机器学习的观点与此相似。虽然 KOSPI 中存在多只股票，但是选择机器学习能够在其中发挥优秀性能的股票进行交易，这才是理所当然的事情。因此，股票的选择能够决定算法交易成败，是十分重要的过程。

在准备实现的算法交易系统当中，会同时应用均值回归模型和机器学习模型，所以要分别选择适合这两种模型的股票。履行这一功能的类是 `PortfolioBuilder`，其主要作用是根据不同模型选择要用于交易的股票，并对选定的股票进行管理，并存入 portfolio_builder.py 文件。

`PortfolioBuilder` 类选择股票的过程分三个阶段，无论均值回归模型还是机器学习模型，步骤都相同。

1. 评价各股票的模型契合度
2. 对契合度评价结果进行排序
3. 选择排名为前 *n*% 的股票

对于不同模型，契合度的评价方法有所不同，但是步骤 2 和步骤 3 在概念上基本没有差别。之后，将最终选择的股票用于交易。

5.6.1 均值回归模型的股票选择

如第 4 章所示，均值回归模型能够应用于向均值回归趋势较强的股票。求出增广迪基 – 福勒检验、赫斯特指数和半衰期系数后，就能够很容易地知道该股票能否使用均值回归模型。`PortfolioBuilder` 的 `doStationarityTest()` 函数使用这三种检验，计算各股票向均值回归的程度，然后将结果返回 `DataFrame`。使用 `MeanReversionModel` 的 `calcADF()` 计算增广迪基 – 福勒检验，使用 `calaHurseExponent()` 计算赫斯特指数，使用 `calcHalfLife()` 函数计算半衰期。

下列代码中，`adf_5` 指临界值 5%，`adf_10` 指临界值 10%。

```
def doStationarityTest(self,column,lags_count=100):
   rows_code = self.dbreader.loadCodes(limit = self.config.get('data_limit'))

   test_result = {'code':[], 'company':[], 'adf_statistic':[], 'adf_1':[],'adf_5':[],
'adf_10':[], 'hurst':[],'halflife':[]}

   index = 1
   for a_row_code in rows_code:
      code = a_row_code[0]
      company = a_row_code[1]

      print "... %s of %s : Testing Stationarity on %s %s" % (index,len(rows_
code),code,company)

      a_df = self.loadDataFrame(code)
      a_df_column = a_df[column]

      if a_df_column.shape[0]>0:
         test_result['code'].append(code)
         test_result['company'].append(company)
         test_result['hurst'].append(self.mean_reversion_model.calcHurstExponent
(a_df_column,lags_count))
         test_result['halflife'].append(self. mean_reversion_model.calcHalfLife
(a_df_column))

         test_stat, adf_1,adf_5,adf_10 = self. mean_reversion_model.calcADF(a_df_
column)
         test_result['adf_statistic'].append(test_stat)
         test_result['adf_1'].append(adf_1)
         test_result['adf_5'].append(adf_5)
         test_result['adf_10'].append(adf_10)
```

```
        index += 1

    df_result = pd.DataFrame(test_result)

    return df_result
```

根据计算的检验结果，rankStationarity() 函数为各股票的契合度排序。该函数用百分位数计算各检验结果的整体分布，然后依据检验结果值在全部百分位数中的位置进行排序。例如，三星电子股票的增广迪基 - 福勒检验值是 –1.5，该值在整体 20% 的分位，所以它的排名应该是第二位。

赫斯特指数和半衰期也使用同样的方法排列股票。assessADF()、assessHurse()、assesHalflife() 函数分别对应各检验方式排列顺序。

```
def rankStationarity(self,df_stationarity):
    df_stationarity['rank_adf'] = 0
    df_stationarity['rank_hurst'] = 0
    df_stationarity['rank_halflife'] = 0

    halflife_percentile = np.percentile(df_stationarity['halflife'],
    np.arange(0, 100, 10)) # quartiles

        for row_index in range(df_stationarity.shape[0]):
            df_stationarity.loc[row_index,'rank_adf'] = self.assessADF(df_stationarity.
loc[row_index,'adf_statistic'],df_stationarity.loc[row_index,'adf_1'],df_
stationarity.loc[row_index,'adf_5'],df_stationarity.loc[row_index,'adf_10'])
        df_stationarity.loc[row_index,'rank_hurst'] = self.assessHurst(df_
stationarity.loc[row_index,'hurst'])
        df_stationarity.loc[row_index,'rank_halflife'] = self.
assessHalflife(halflife_percentile, df_stationarity.loc[row_index,'halflife'])
    df_stationarity['rank'] = df_stationarity['rank_adf'] + df_stationarity['rank_
```

```
hurst'] + df_stationarity['rank_halflife']

    return df_stationarity
```

bulidUniverse() 函数根据检验顺序结果的不同选择股票，该函数计算各顺序的百分位数之后，返回用户指定比例的股票。例如，向 bulidUniverse() 的 ratio 参数输入 0.8，那么检验顺序在前 80% 的股票是最终选择，需要返回。

```
def buildUniverse(self,df_stationarity,column,ratio):
    percentile_column = np.percentile(df_stationarity[column], np.arange(0, 100, 10))
    ratio_index = np.trunc(ratio * len(percentile_column))

    universe = {}

    for row_index in range(df_stationarity.shape[0]):
        percentile_index = getPercentileIndex(percentile_column, df_stationarity.
loc[row_index,column])
        if percentile_index >= ratio_index:
            universe[df_stationarity.loc[row_index,'code']] = df_stationarity.loc[row_
index,'company']

    return universe
```

下面是使用 portfolio 类选择均值回归模型的代码。

```
portfolio = PortfolioBuilder()

df_stationarity = portfolio.doStationarityTest('price_close')
df_rank = portfolio.rankStationarity(df_stationarity)
stationarity_codes = portfolio.buildUniverse(df_rank,'rank',0.8)
```

运行结果

```
{u'000157': u'斗山2优B', u'000150': u'斗山'}
```

该代码以收盘价的值（price_close）为标准，进行了增广迪基－福勒检验、赫斯特指数等的平稳性检验并排序后，返回检验结果值在前 80% 以上的项目。

5.6.2 机器学习模型的股票选择

与均值回归模型一样，机器学习模型也要选择能够呈现自身优质性能的股票，这一步可以说是创造收益的开始。但是机器学习模型与均值回归模型不同，不以数学理论为基础，所以相对比较难判断选择是否合适。例如，均值回归模型计算增广迪基－福勒检验、赫斯特指数和半衰期系数后，就能大概知道相应股票呈现均值回归趋势还是随机游走。

机器学习模型没有这些数学理论，而是使用机器学习算法在给定数据中寻找某种模式，所以选择股票时没有客观的数值。也就是说，机器学习模型能够知道训练结果的分数，但是很难知道已选择的股票是否拥有适合机器学习的特征。

分数值能够呈现训练结果的质量，即学习中使用的数据的性能。这与选择均值回归模型时使用的三种检验呈现各股票均值回归的趋势是不同的，对此要格外注意。

doMachineLearningTest() 函数生成使用机器学习三种算法——逻辑斯蒂回归、随机森林、支持向量机——的预测变量后，加以训练，然后将各股票、各算法的分数返回 DataFrame。

```
def doMachineLearningTest(self,split_ratio=0.75,lags_count=10):
   return self.machine_learning_model.calcScore(split_ratio=split_ratio,time_
lags=lags_count )
```

由上面的代码可知，机器学习在训练之后要用分数值进行判断，所以调用了

MachineLearningModel 类的 calcScore() 函数。MachineLearningModel 类在内部使用 Predictors 类，按照各股票和算法生成、训练、保存、管理预测变量。例如，如果是三星电子股票的机器学习模型，那么生成逻辑斯蒂回归、随机森林、支持向量机这三个预测模型并进行训练，之后应当可以再次调用通过三星电子数据训练的机器学习。这些都在 Predictors 类中处理。

Predictors 类的 trainALL() 函数借助训练数据的时间差 time_lags 和用户指定的 split_ratio，对数据集和训练数据集分类并加以训练。

```
def trainAll(self, time_lags=5, split_ratio=0.75):
   rows_code = self.dbreader.loadCodes(self.config.get('data_limit'))

   test_result = {'code':[], 'company':[], 'logistic':[], 'rf':[], 'svm':[]}

   index = 1
   for a_row_code in rows_code:
      code = a_row_code[0]
      company = a_row_code[1]

      print "... %s of %s : Training Machine Learning on %s %s" % (index,len(rows_
code),code,company)

      df_dataset = self.makeLaggedDataset(code,self.config.get('start_date'),self.
config.get('end_date'), self.config.get('input_column'),self.config.get('output_
column'),time_lags=time_lags)

      if df_dataset.shape[0]>0:
         test_result['code'].append(code)
         test_result['company'].append(company)

         X_train,X_test,Y_train,Y_test = self.splitDataset(df_dataset,'price_
```

```
date',[self.config.get('input_column')],self.config.get('output_column'),split_ratio)

        for a_clasifier in ['logistic','rf','svm']:
            predictor = self.createPredictor(a_clasifier)
            self.add(code,a_clasifier,predictor)

            predictor.train(X_train,Y_train)
            score = predictor.score(X_test,Y_test)
            test_result[a_clasifier].append(score)

            print "    predictor=%s, score=%s" % (a_clasifier,score)

    index += 1

  df_result = pd.DataFrame(test_result)

  return df_result
```

使用函数 loadCodes() 从数据库中获得股票代码。

Predictors 类的 makeLaggedDataset() 函数通过 start_date 和 end_date 创建股票代码时间晚于指定日期的数据集，该数据集拥有对预训练数据的日期进行调整后、故意推迟了时间的数据。例如，机器学习模型要预测股价走势是上涨还是下跌，为此，必须在训练好的机器学习模型（Predictor）中输入数据。可以利用前一天的数据预测今天的股价走势，也可以利用 5 天前的数据。输入的参数为 time_lags=7，那么 makeLaggedDataset() 函数创建的是利用 7 天前的数据预测今天股价走势的数据集。

根据向参数 split_ratio 传递的值的不同，splitDataset() 函数将全部数据集分为训练数据集和测试数据集。例如，如果 split_ratio=0.6，那么整体的 60% 是训练数据集，40% 是测试数据集。

通过 train() 函数训练预测变量，由 score 可以知道训练结果的质量。score 值是 0 ~ 1 的实数，越趋近于 1，证明训练结果越好。rankMachineLearning() 函数根据 score 对训练结果进行排序，代码如下。

```
def rankMachineLearning(self,df_machine_learning):
    def listed_columns(arr,prefix):
        result = []
        for a_item in arr:
            result.append( prefix % (a_item) )
            return result

    mr_models = ['logistic','rf','svm']

    for a_predictor in mr_models:

        df_machine_learning['rank_%s' % (a_predictor)] = 0

    percentiles = {}

    for a_predictor in mr_models:

        percentiles[a_predictor] = np.percentile(df_machine_learning[a_predictor],
np.arange(0, 100, 10))

        for row_index in range(df_machine_learning.shape[0]):

            df_machine_learning.loc[row_index,'rank_%s' % (a_predictor)] =
self.assessMachineLearning(percentiles[a_predictor],df_machine_learning.loc[row_
index,a_predictor])

    df_machine_learning['total_score'] = df_machine_learning[mr_models].sum(axis=1)

    df_machine_learning['rank'] = df_machine_learning[ listed_columns(mr_
models,'rank_%s') ].sum(axis=1)

    return df_machine_learning
```

与前面均值回归模型中应用的方法一样，使用机器学习模型的股票选择函数也是 bulidUniverse() 函数。

下列示例代码利用 PorfolioBuilder 类，通过均值回归模型和机器学习模型选择股票。

```
universe = Portfolio()
portfolio = PortfolioBuilder()

services.get('configurator').register('start_date','20150101')
services.get('configurator').register('end_date','20151130')
services.get('configurator').register('input_column','price_close')
services.get('configurator').register('output_column','indicator')
services.get('configurator').register('data_limit',10)

df_stationarity = portfolio.doStationarityTest('price_close')
df_rank = portfolio.rankStationarity(df_stationarity)
stationarity_codes = portfolio.buildUniverse(df_rank,'rank',0.8)

df_machine_result = portfolio.doMachineLearningTest( split_ratio=0.75,lags_count=5 )
df_machine_rank = portfolio.rankMachineLearning(df_machine_result)
machine_codes = portfolio.buildUniverse(df_machine_rank,'rank',0.8)

universe.clear()
universe.makeUniverse('price_close','stationarity',stationarity_codes)
universe.makeUniverse('price_close','machine_learning',machine_codes)
universe.dump()
```

运行结果

```
>>> Portfolio.dump <<<
- model=machine_learning
... column=price_close : index=0, code=005610, company=Samlip食品
... column=price_close : index=1, code=002270, company=乐天食品
```

```
- model=stationarity
... column=price_close : index=0, code=000157, company=斗山2代B
... column=price_close : index=1, code=000150, company=斗山
--- Done ---
```

该结果展现了各个模型选择的股票，在给定条件下，用机器学习模型选择的股票是“Samlip 食品”和“乐天食品”，均值回归模型中选择了“斗山 2 优 B”和“斗山”。

services 类是训练模型和选择股票时保存并管理环境设置的一种注册表，声明为全局变量，能在所有类中使用。与选择模型有关的主要环境变量如下所示。

- **start_date**：选择模型时使用的数据开始日期。
- **end_date**：选择模型时使用的数据结束日期。
- **input_column**：输入变量，使用 prices 表的列名。例如，如果想使用最高价，那么需要输入 price_high。
- **output_column**：指定机器学习中使用的输出变量名，可以自定。
- **date_limit**：指定选择模型时使用的股票数，如果对象是全部股票会耗时过长，所以使用这个值限制数量。例如，如果输入 10，那么只选择使用前 10 支股票；如果输入 0，则选择所有股票。

前面的例子中，为了选择股票，使用了 20150101 ~ 20151130 的数据，如果想要改为 2010 年 1 月 1 日 ~ 2015 年 12 月 30 日的数据，可以如下修改代码。

```
services.get('configurator').register('start_date','20100101')
services.get('configurator').register('end_date','20151230')
```

通过 PortfolioBulider 类选取股票后，保存在 Portfolio 集合类中并通过该类管理，在交易中将 Portfolio 实例传递为参数。

5.7 实现Trader类

Trader类将Portfolio类包含的股票虚拟地用于交易中，记录不同模型的股票买入/卖出头寸。如果是普通的算法交易系统，那么Trader类不仅是买入卖出的记录，还能访问实际的证券公司，并根据头寸进行交易，但本书并不包含这种功能。许多证券公司支持股票交易API，有兴趣的读者可以参考或者扩展Trader类，对其进行改善以实现实际交易。

Trader类是集合类，主要用于记录头寸，所以代码十分简单。Add()函数添加新交易记录，dump()函数将已有交易记录输出到屏幕。

```
class MessTrader(BaseCollection):
    def setPortfolio(self, portfolio):
        self.portfolio = portfolio

    def add(self,model,code,row_index,position):
        if self.find(code) is None:
            self.items[code] = []

        a_item = TradeItem(model,code,row_index,position)
        self.items[code].append( a_item )

    def dump(self):
        print ">>> Portfolio.dump <<<"
        for key in self.items.keys():
            for a_item in self.items[key]:
                print "... model=%s, code=%s, row_index=%s, position=%s" % (a_item.
model,a_item.code,a_item.row_index,a_item.position)

        print "--- Done ---"
```

第6章 性能评价与优化

创建算法交易系统固然重要，但是我们更应该关注的是如何对系统进行评价。开发系统的目的不仅在于正确运行，更在于创造利润，所以重点应该是评价它能够创造多少利润。如果是普通的系统，那么可以先设定一个预想的应用场景，然后通过检验程序测试其稳定性和性能，但是算法交易的情况有所不同。

算法交易的应用领域是金融，而金融世界充满了不确定性。正在下跌的股票可能会突然呈上涨势头，某地发生恐怖袭击后，全球股市可能同时暴跌。金融的这种特性使我们很难创建应用场景并进行检验，即使模型和算法交易系统已经凭借高创收能力通过了检验，但是直到开发并应用系统之时，我们才能知道它会为实际的股票市场带来利润还是灾难。因此，算法交易中虽然要重视 α 模型的开发，但是对已开发的 α 模型和系统进行评价更加重要，也更加艰难。

本章主要介绍测试算法交易系统性能时的常用方法，以及机器学习模型性能的测试方法。对选择算法交易系统中使用的 α 模型时应该注意的事项进行说明，最后讨论决定算法交易系统回报率的参数优化。

6.1 算法交易系统的性能测试

无论是以已验证的数学理论为基础创建的强大 α 模型，还是训练结果优异的 α 模型，如果没有进行合适的性能测试，就不能用于算法交易。这听起来理所当然，但是从现实角度看，却是一个非常困难且没有正确答案的难题。没有人能够明确说明，究竟何种测试是“‘合适的’算法交易系统性能测试”。原因自然就是金融市场的“不确定性”。

适用了 α 模型的算法交易系统主要以我们已经知道的数据，即过去的数据为基础。为了评价已开发的算法交易系统的性能，必须再次使用过去的数据。如果用过去的数据得出了较好的评价结果，那么就能说已检验的算法交易系统可以在未来创造高利润吗？而如果评价结果不好，那么就能说它在未来会带来损失吗？

依据经验，即使过去的检验结果比较好，未来能创造高利润的情况也不多。相反，虽然检验结果不好，但是在现实中意外创出高利润的情况却不少。也就是说，我们不能说使用过去结果进行的回溯检验与它没有任何联系，但是能否使用直接依据这一结果开发的算法交易系统进行投资并将其用于实际的交易，还需要多加考虑。

对算法交易系统的性能进行评价主要有三大目的。

6.1.1 评价系统的获利能力

第一个目的是评价获利能力，这是最基础的，调查对象是预计回报率。

6.1.2 比较各实现模型

第二个目的是比较系统中使用的各模型的回报率，并把握其特征。特征指的是有关模型的买入卖出头寸如何变化、头寸的变化数是多少等。了解模型的特征是使用多个 α 模型时的重要问题。使用一个 α 模型和使用多个 α 模型，哪一种能够创造更高的利润，这是需要我们深思的问题。如果找到了能够创造高额利润的 α 模型，那么仅凭一个模型就能产生对满意收益的期待，但是这份幸运在现实中是很难得到的。而且，即使找到了幸运的 α 模型，它能创造利润的期限也是未知的。

因此，为了分散风险，人们经常使用多个 α 模型。每个 α 模型都有自己的理论背景，拥有不同特征，所以如果一个模型的回报率不高，那么只要其他模型产生利润，就能够减小损失的风险。像这样选择多个 α 模型后，它们的特征应该各不相同。因为使用多个 α 模型是为了分散风险，如果选择拥有相似特征的 α 模型，一切将毫无意义。

6.1.3　对系统的信心

第三个目的是对系统产生信心，这是心理原因。它可能是算法交易系统成功的原因，不！从某些方面看，它是成功最重要的原因。是否使用算法交易最终是由人决定的。无论系统多好，如果没有人用，就不会产生任何利润或损失。已开发的算法交易系统创造利润时，可能消耗很长时间，利润和亏损的涨落幅度可能很大，甚至会长时间持续亏损。如果不是特别幸运，基本上很少有算法交易系统能够从一开始就创造满意的回报，而且没有任何亏损。

看着利润逐渐下降且余额持续减少，有人会很难继续坚持相信算法交易系统。此时，开发者和投资人对算法交易系统的信任就显得十分重要。只有清楚现在应用的模型经过一段时间之后才能创造利润，虽然获利和亏损会持续反复但是最终还是会盈利，才能忍受残酷的严寒，迎来温暖的春天。

例如，趋势跟踪模型记录了许多交易中的亏损，但是它同样能够通过几次交易创造利润，从而挽回之前的损失。但是，如果在交易中亏损几次之后就不再使用相关模型的话，就无法得到趋势跟踪模型今后带来的巨大利润（也有可能不会出现预想的巨大回报）。

如果对开发的系统没有信心，那么只要发生亏损，就很难摆脱结束算法交易的诱惑，因此，这是非常重要的评价因素。

6.2 回溯检验

用过去特定时间内的数据评价算法交易系统的性能，这就是回溯检验。进行回溯检验的目的在于，把握算法交易系统的预测能力、回报率、系统特征等，其重要性不言而喻。

回溯检验有许多种类和方法，有时候会根据机构和对冲基金的不同对现有的种类方法进行改变，下面讲解最常用的 Profit/Loss（损益、回报率）、Hit Ratio（准确率、命中率）、Drawdown（与最高点相比的最大亏损率）、Sharpe Ratio（夏普指数）。

6.2.1 Profit/Loss 检验

算法交易系统的评价方法中，最常用的当然是 Profit/Loss 检验。其评价对象是向系统输入特定期间的数据并进行交易后产生的利润或亏损，简言之，就是回报率。常用的 Profit/Loss 方法有两个：计算检验时间内的整体回报率，按照一定时间计算回报率。图 6-1 是各季度回报率。

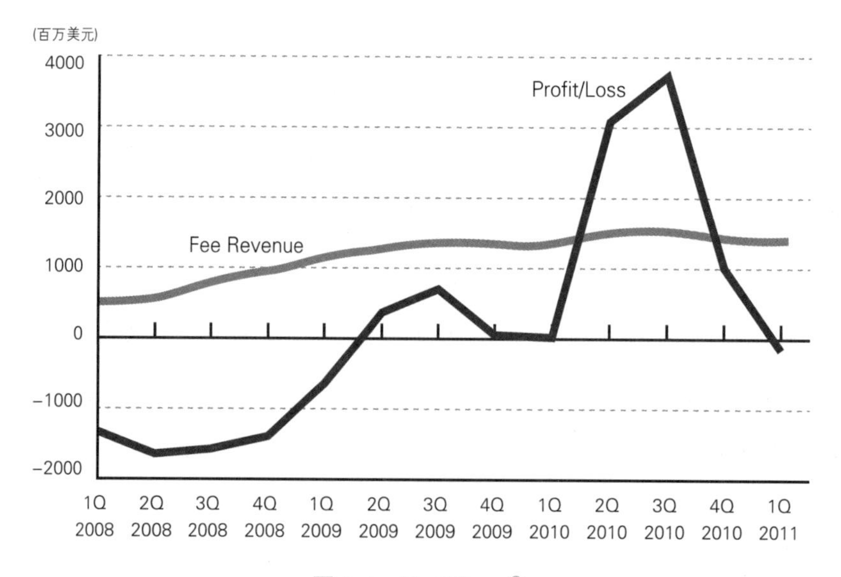

图 6-1 Profit/Loss[①]

① 出处：https://goo.gl/l5hpQz

6.2.2 Hit Batio

Hit Batio 表示模型预测结果的准确度。对于不同模型，Hit Batio 的含义也稍有不同。在均值模型中决定买入卖出头寸时，它表示买卖该头寸是否正确；在机器学习模型中，则表示股价走势预测的准确度。

例如，第 5 章中实现的机器学习模型对股价走势上涨还是下跌进行了预测，Hit Batio = 0.6 指预测的 60% 是正确的。在均值回归模型中，Hit Batio = 0.5 指由模型决定的头寸中，50% 是正确的选择。

Hit Ratio 使用的是过去的数据，因此，尤其是机器学习模型，训练中使用过的数据和检验中使用的数据不能重复。

如下 getHitRatio() 函数主要计算一定期间内特定股票预测的准确度。

```
def getHitRatio(self,name, code, start_date,end_date,lags_count=5):
    a_predictor = self.predictor.get(code,name)

    df_dataset = self.predictor.makeLaggedDataset(code,start_date,end_date, self.
config.get('input_column'), self.config.get('output_column'),lags_count )
    df_x_test = df_dataset[ [self.config.get('input_column')] ]
    df_y_true = df_dataset[ [self.config.get('output_column')] ].values

    df_y_pred,df_y_pred_probability = a_predictor.predict(df_x_test)

    hit_count = 0
    total_count = len(df_y_true)
    for index in range(total_count):
        if (df_y_pred[index] == df_y_true[index]):
            hit_count = hit_count + 1

    hit_ratio = hit_count/total_count
```

```
    print "hit_count=%s, total=%s, hit_ratio = %s" % (hit_count,total_count,hit_ratio)

    return hit_ratio
```

运行结果

```
hit_count=8, total=14, hit_ratio = 0.571428571429
```

Hit Ratio 呈现了各模型的预测准确度，但这只是一个参考，以该值为标准评价算法交易系统的性能会过于草率，因为我们对预测准确度的情况和风险管理一无所知。从实际交易的数据确认前一天的预测是否准确，这对性能的评价有很大帮助。

如果根据不同预测结果选择的买入卖出头寸是正确的，那么如下 `drawHitRatio()` 函数会出现 yes 标记，展示股价波动时的算法交易系统预测性能，如图 6-2 所示。

```
def drawHitRatio(self,name, code, start_date,end_date,lags_count=5):
    a_predictor = self.predictor.get(code,name)

    df_dataset = self.predictor.makeLaggedDataset(code,start_date,end_date, self.
config.get('input_column'), self.config.get('output_column'),lags_count )
    df_x_test = df_dataset[ [self.config.get('input_column')] ]
    df_y_true = df_dataset[ [self.config.get('output_column')] ].values
    df_y_pred,df_y_pred_probability = a_predictor.predict(df_x_test)

    ax = df_dataset[ [self.config.get('input_column')] ].plot()

    for row_index in range(df_y_true.shape[0]):
        if (df_y_pred[row_index] == df_y_true[row_index]):
            ax.annotate('Yes', xy=(row_index, df_dataset.loc[ row_index, self.config.
get('input_column') ]), xytext=(10,30), textcoords='offset points', arrowprops=dict
(arrowstyle='-|>'))

    plt.show()
```

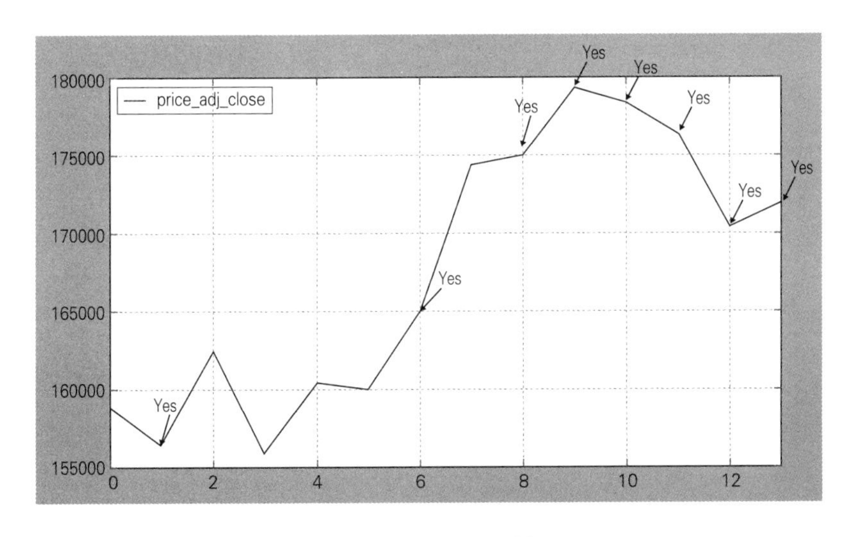

图 6-2 Hit Ratio 图

6.2.3 Drawdown

如果说 Hit Ratio 可以展现预测的准确度并推测系统的回报率，那么 Drawdown 则是算法交易系统的运营和风险管理指标。通过 Drawdown 可以知道错误的预测有多少、时间有多长，由此获得破产风险性相关的珍贵信息。

例如，假设进行 10 次交易后，回报率为 20%。只看这一数值可能会认为系统不错。但是前 9 次交易亏损了 –80%，在最后一次交易中才获得了 100% 的巨大利润，所以最终回报率为 20%。这样一来，就不能说它是一个好的系统。因为在连续 9 次的交易中，亏损已经达到了无法恢复的程度，那么能够获得巨大利润的第 10 次交易中可能已经没有周转资金，或者公司可能已经倒闭、基金已经破产了。无论算法交易系统能够创造多大利润，它都需要运营资金，所以 Drawdown 是事关生死的重要指标。图 6-3 是从亏损角度用 Drawdown 进行的评价，*Y* 轴是损失率。

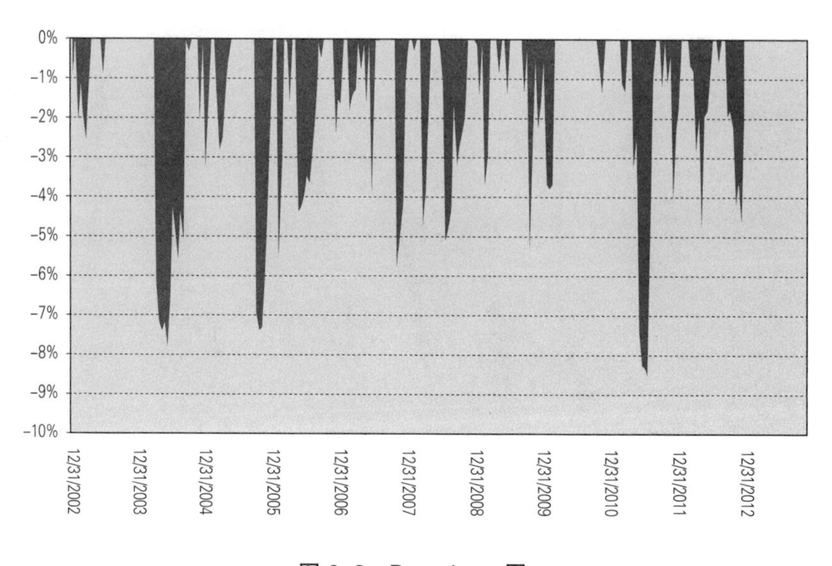

图 6-3 Drawdown 图

对于 Drawdown 图表，需要注意三点。

1. Maximum Drawdown

最大损失率，运营算法交易系统的机构或对冲基金在评价性能时的常用指标。Maximum Drawdown 指标之所以重要，原因在于算法交易的特征，即只要一次交易存在错误就有可能破产。实际生活中经常发生这种案例，要时时注意。

2. Drawdown Duration

损失持续的时间，经常以天为单位。例如，如果以天为单位的 Drawdown Duration 是 5，那么表示损失持续了 5 天。Drawdown Duration 同样是非常重要的指标，损失持续时间过长的系统在资金上和心理上都会给人带来很大压力。毋庸置疑，只有不断产生利润，哪怕是微小利润，才能称得上是优秀的系统。

3. Drawdown Curve

通过这一指标能够知道损失的趋势，可以把握系统的损失特征。例如，我们可以通过它知道损失呈现持续扩大的趋势，还是像均值模型一样拥有均值回归的特征等。

进行算法交易时需要不断查看 Drawdown 指标，以此决定回报率，以及是否继续进行算法交易。

6.2.4 Sharpe Ratio

该数值呈现了风险考虑的性能，也被称为 Sharpe Index、Sharpe Measure 或者 Reward-to-variability Ratio。Sharpe Ratio 是诺贝尔经济学奖获得者威廉·夏普于 1966 年开发的，是金融领域中广泛使用的重要概念。Sharpe Ratio 可以用以下公式进行计算，该公式中，R 是投资回报，R_b 是与投资回报进行比较的基准测试投资回报，经常使用没有风险的银行利率。

$$\text{Sharpe Ratio} = \frac{E(R - R_b)}{\sqrt{\text{Var}(R - R_b)}}$$

简单来说，这个公式用于计算“期望值 / 期望值标准差”。期望值是回报率，期待值标准差是回报率的标准差，即“回报率 / 波动性”（根据不同需要，可以使用准确率等其他概念来代替回报率）。波动性意味着风险，所以 Sharpe Ratio 分析又称 Rewar/Risk 分析。

所有算法交易系统都存在回报率和波动性，所以有时很难判断多个算法交易系统中的哪个更好。先看表 6-1。

表 6-1　各系统回报率和波动性比较

名称	回报率	波动性
系统 A	0.16	0.1
系统 B	0.16	0.3
系统 C	0.09	0.7
系统 D	0.85	0.6

从回报率看，系统 D 是 0.85，即最高的 85%；系统 C 是 0.09，最低；系统 A 和系统 B 回报率相同，所以很难说哪个更好。通过系统 D 的回报率和波动性，很难判断是否应

该将系统 D 用于算法交易。虽然其回报率最高（0.85），但波动性是 0.6，大于系统 A 和系统 B。因为波动性大，风险也会大，所以一次错误的交易就可能导致破产。

此时利用 Sharpe Ratiode，可以考虑各风险要素，直接判断系统性能。用回报率 / 波动性计算表 6–1 中的 Sharpe Ratio，如表 6–2 所示。

表 6–2　表 6–1 各系统的 Sharpe Ratio

名称	回报率	波动性	Sharpe Ratio
系统 A	0.16	0.1	0.16/0.1 = 1.6
系统 B	0.16	0.3	0.16/0.3 = 0.53
系统 C	0.09	0.7	0.09/0.7 = 0.12
系统 D	0.85	0.6	0.85/0.6 = 1.41

Sharpe Ratio 的值越大越好，系统 A 为 1.6，数值最大；系统 C 为 0.12，值最小。系统 A 的回报率为 0.16，低于系统 D，但是波动性为 0.1，远低于系统 D 的 0.6。也就是说，虽然系统 A 的回报率比系统 D 低，但是稳定性强，所以陷入风险的可能性低。系统 D 的 Sharpe Ratio 是 1.41，但是其波动性为 0.6，这个值很高，而其回报率也很高（0.85），所以即使有风险，也可以说它是一个很好的系统。

在金融界，波动性是最可怕的敌人。如前所述，因为一次错误的交易就可能导致破产，所以回报率较低但风险程度也低的算法交易系统才是合理的选择。Sharpe Ratio 是考虑利润和风险的数值，所以可以从平衡的视角观察系统性能。

6.3 机器学习性能测试

对于不同问题，机器学习模型性能的测试方法也不同。预测数值的回归采用的方法是，计算均方根误差等预测值和实测值之差；算法交易系统中使用的机器学习模型等分类采用的方法是，计算用混淆矩阵等进行分类的各项目的准确度或查全率。

利用 Hit Ratio.Risk/Reward 检验等，可以测试回报率相关性能，但这不是针对机器学习本身的检验，所以还需要单独测试机器学习模型的性能。因为机器学习模型是股价走势预测的分类器，如果能够知道股价走势上涨还是下跌、准确度和查全率，就可以修改模型或者改变策略，从而获得高回报率。

如果实现机器学习模型时使用的 sklearn 库是分类器，那么可以用两种方法预测：预测值和预测相关概率。例如，如果训练时将股价上涨定为 1，下跌定为 0，那么 sklearn 的 `perdict()` 函数将返回 1 或 0 的预测值，`predict_proba()` 函数则提供 0.43、0.57 等与各预测有关的概率值。通过概率值可以知道算法交易对预测的置信水平，所以比只知道预测值更能灵活地使用预测结果值。例如，即使成为 1 的概率为 0.57，但是如果训练的机器模型更靠近 0 的话，使用时可以将预测值解释为 0。

另外，前文开发的模型并没有对各机器学习算法单独指定参数，而是使用标准值，但是想要获得更好的性能就必须选择恰当的参数，所以需要更加详细的信息。

6.3.1　混淆矩阵

混淆矩阵用矩阵形式表示各项目的分类结果，也称列联表。例如，如表 6–3 所示，用混沌矩阵表示股票代码为 006650 的大韩油化 2015 年 1 月 1 日 ~ 2015 年 10 月 30 日训练的支持向量机预测变量，以及 2015 年 11 月 1 日 ~ 2015 年 11 月 19 日的预测。

表 6–3　混淆矩阵示例

区分		预测值	
		下跌	上涨
实际值	下跌	2	6
	上涨	1	5

预测值下面的“下跌”中，预测变量会下跌的数量为 2 + 1 = 3 个，预测上涨的共有 6 + 5 = 11 个。由此可知，预测变量的预测数共有 3 + 11 = 14 个。

“实际值”指实际上涨数和下跌数，实际下跌数是 2 + 6 = 8 个，上涨数是 1 + 5 = 6 个，所以总共 8 + 6 = 14 个，与预测变量的预测个数相同。

在混淆矩阵中，需要注意的部分是值 2 和 5。值 2 位于预测值下跌和实际值下跌的交叉处，表示预测“预测变量会下跌”的值中，有两个是正确的。同样，值 5 位于预测值上涨和实际值上涨的交汇处，也就是指预测上涨的值中有五个是正确的。

在这里，值 2 所在的地方称为“真负”（TN，true negative），值 5 所在的地方称为“真正”（TP，true positive）。1 和 6 是错误的预测个数，所以 1 是错误的下跌，即“假负”（FN，false negative）；6 是错误的上涨，即“假正”（FP，false positive）。

通过混淆矩阵，可以获得仅凭准确度无法得知的机器学习模型预测特征和数据偏差等附加信息，非常有用。下面使用混淆矩阵观察预测大韩油化的支持向量机预测变量的特征。

支持向量机预测变量是预测股价走势的二元分类器，预测结果有上涨（1）和下跌（0）两个值。从整体的预测准确度来看，14 个中有 7 个是正确的预测，所以准确度为 7/14 = 0.5，即两次预测中有一次是正确的。

首先确认是否存在数据偏差。数据偏差指使用的数据偏向一侧，从而不能正确评价预测结果。例如，检验中共使用 100 个数据，其中 90 个数据是上涨，10 个数据是下跌，那么预测机器学习模型时，上涨次数越多，预测准确度越高。此处 90% 的数据都是上涨，所以上涨越多，支持向量机预测变量的准确度越高。

因此，现在应该使用混淆矩阵确认使用的数据中是否存在数据偏差。表 6-3 的混淆矩阵中，实际值的下跌是 2 + 6 = 8，上涨是 1 + 5 = 6，整体数据下跌和上涨的比例为 57 ： 43，相对比较均衡。

下面看看模型的预测特征。预测下跌的准确度可以用 TN/TN + FN 计算，上涨的准确度可以用 TP/TP + FP 计算。

因此，表 6–3 混淆矩阵的下跌预测准确度是 2/(2 + 1) = 0.66，上涨预测准确度是 5/(5 + 6) = 0.45，所以支持向量机预测变量对下跌的预测能力要高于上涨。因此，使用支持向量机预测变量时，下跌预测值更加准确，确定头寸的时候，以“下跌”为标准能够获得更高的回报率。

此外，还要注意支持向量机预测变量上涨和下跌的预测个数。14 个当中 11 个是上涨，3 个是下跌，预测上涨的比例比下跌高 3 倍以上。支持向量机预测变量对上涨预测得更多，所以可以猜想买入头寸要多于卖出头寸，但是因为上涨的准确度为 0.45，所以很有可能买到不必要的股票，亏损的可能性很大。

我们需要综合以上结果，对用于训练的数据是否存在偏差、参数设置是否合理、训练中使用的数据大小是否恰当等进行判断。

图 6–4 呈现了混淆矩阵相关的多个定义和公式。

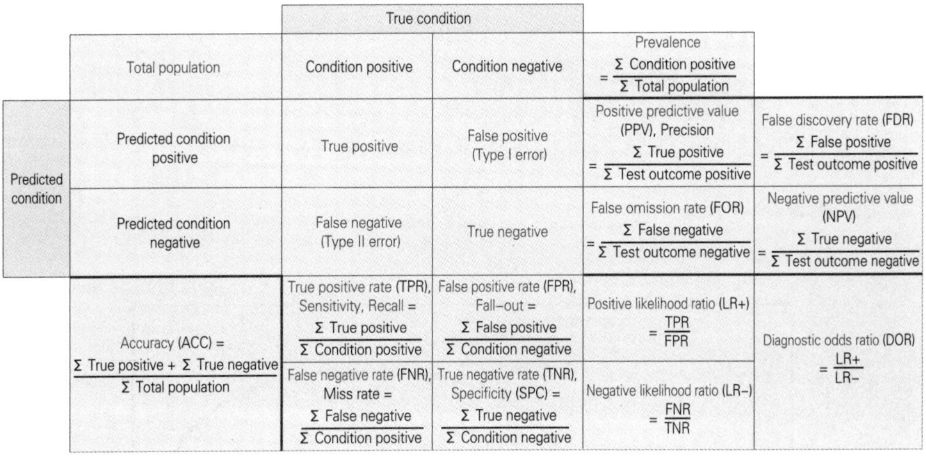

		True condition			
	Total population	Condition positive	Condition negative	Prevalence $= \frac{\Sigma \text{ Condition positive}}{\Sigma \text{ Total population}}$	
Predicted condition	Predicted condition positive	True positive	False positive (Type I error)	Positive predictive value (PPV), Precision $= \frac{\Sigma \text{ True positive}}{\Sigma \text{ Test outcome positive}}$	False discovery rate (FDR) $= \frac{\Sigma \text{ False positive}}{\Sigma \text{ Test outcome positive}}$
	Predicted condition negative	False negative (Type II error)	True negative	False omission rate (FOR) $= \frac{\Sigma \text{ False negative}}{\Sigma \text{ Test outcome negative}}$	Negative predictive value (NPV) $= \frac{\Sigma \text{ True negative}}{\Sigma \text{ Test outcome negative}}$
	Accuracy (ACC) $= \frac{\Sigma \text{ True positive} + \Sigma \text{ True negative}}{\Sigma \text{ Total population}}$	True positive rate (TPR), Sensitivity, Recall $= \frac{\Sigma \text{ True positive}}{\Sigma \text{ Condition positive}}$	False positive rate (FPR), Fall-out $= \frac{\Sigma \text{ False positive}}{\Sigma \text{ Condition negative}}$	Positive likelihood ratio (LR+) $= \frac{\text{TPR}}{\text{FPR}}$	Diagnostic odds ratio (DOR) $= \frac{\text{LR+}}{\text{LR−}}$
		False negative rate (FNR), Miss rate $= \frac{\Sigma \text{ False negative}}{\Sigma \text{ Condition positive}}$	True negative rate (TNR), Specificity (SPC) $= \frac{\Sigma \text{ True negative}}{\Sigma \text{ Condition negative}}$	Negative likelihood ratio (LR−) $= \frac{\text{FNR}}{\text{TNR}}$	

图 6–4 混淆矩阵 [①]

① 参考：https://en.wikipedia.org/wiki/Confusion_matrix

6.3.2 Classification Report

Classification Report 是 sklearn 中提供的功能，简单概括了进行训练的分类器的性能。它和混淆矩阵有相似的部分，但是额外提供了 Recall、F1-score 等的值。例如，前文混淆矩阵中提到，为了掌握大韩油化支持向量机预测变量，要运行 sklearn 的 `classification_report()` 函数，结果如下所示。

```
              precision   recall      f1-score  support
Down          0.60        0.38        0.46      8
Up            0.44        0.67        0.53      6
avg / total   0.53        0.50        0.49      14
```

结果中，最左边的 Down 指股价下跌，Up 是股价上涨，Precision 是准确度，分为 TN 和 TP。例如，Down 的 Precision 是 0.6，表示 TN 的值是 0.6，通过 Precision = TN/TN + FN 得出。

Recall 是敏感度，是随机输入数据并进行预测时用 Positive 值得出正确结果的概率。Recall 的概念能够告诉我们已训练的分类器在 Positive 和 Negative 哪一个当中能够呈现更高的预测能力，所以需要牢牢掌握。

将分类结果分为 4 部分，即混淆矩阵中使用的 TP、TN、FP、FN 这 4 个概念，用文氏图将各领域表示如图 6-5 所示。

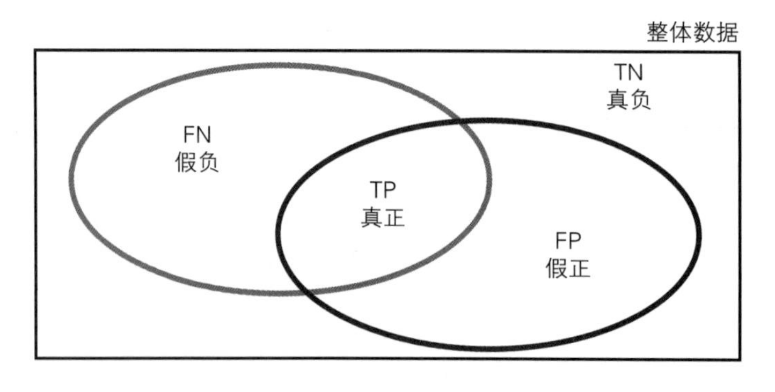

图 6-5　Recall 的概念

图 6-5 中，黑色的圆是分类器用 Positive 预测的区域，白色圆是用 Negative 预测的区域。Recall 是正确预测 Positive 的概率，计算公式如下：

$$\text{Recall} = \frac{\text{TP}}{\text{TP} + \text{FN}}$$

Specificity（特异度）是与 Recall 相反的概念，表示正确预测 Negative，公式也与它相反：

$$\text{特异度} = \frac{\text{TN}}{\text{TN} + \text{FP}}$$

从 Classification Report 的结果中可知，表示股价下跌 Down 的 Recall 是 0.38，表示上涨 Up 的 Recall 是 0.67，所以可以知道分类器对上涨的准确度要高于下跌。

F1-score 是 Precision 和 Recall 的调和平均数，计算公式如下：

$$\text{F1} - \text{score} = \frac{2\text{TP}}{2\text{TP}+\text{FP}+\text{FN}}$$

考虑 Precision 和 Recall 的数值时，F1-score 可以告诉我们上涨和下跌中哪一个的预测能力更高。Down 是 0.46，Up 是 0.53，所以 Up 的预测能力高了 0.07。

最后，Classification Report 的 Support（支持度）呈现了各个预测值的数量。Down 的 Support 值是 8，所以共有 8 个值被预测为 Down，即下跌。

6.3.3　ROC

ROC（receiver operating characteristic curves，受访者工作特征曲线）是除混淆矩阵、Classification Report 之外评价机器学习模型性能的另一个工具。ROC 从视觉上呈现性能，直观且易于理解，即使性能评价中的数据出现偏差也可以使用。

ROC 是 Y 轴为 Recall、X 轴为 Specificity 的图，如图 6–6 所示。

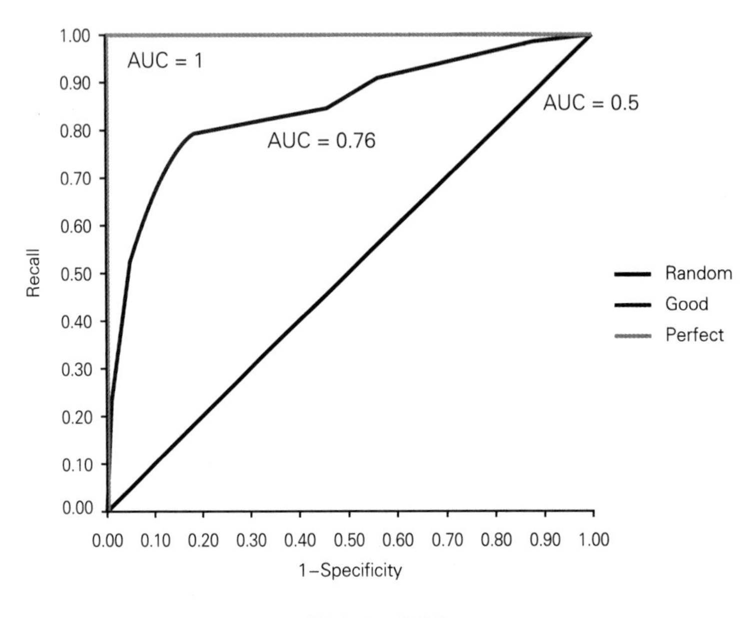

图 6–6 ROC

图 6–6 中的 3 条线就是 ROC。最下边的 ROC 表示用于检验的分类器的预测性能与随机（Random）选择的没有太大差异，中间 ROC 是表示性能较为优异（Good）的分类器，最上边的 ROC 呈现的是拥有完美性能（Perfect）的分类器。

AUC（area under curve，曲线下面积）指 ROC 的面积，AUC 的值越大，性能越优异。例如，随机选择下 AUC = 0.5，性能相对优异的 AUC = 0.76，完美性能的 AUC = 1。

ROC 能够把握分类器预测性能的相关轨迹，所以必须理解其核心概念。

使用分类器进行预测的方法有两种，第一种预测值，第二种计算预测值的概率。图 6–7 和图 6–8 使用第二个方法概率，用 ROC 说明了股价的上涨和下跌这两个值的预测性能。图 6–7 是性能优异的分类器的 ROC。

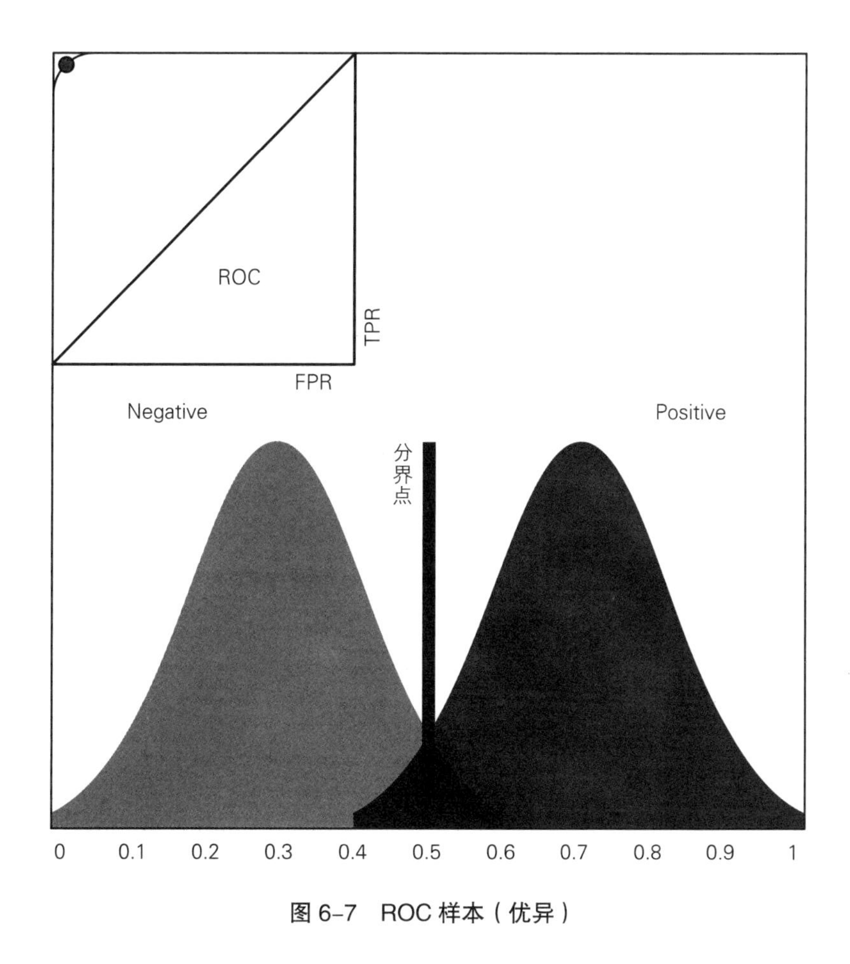

图 6-7　ROC 样本（优异）

该图中表现 Negative 的浅灰色区域是下跌的概率值分布，区间为 0 ~ 0.6。深灰色区域 Positive 是上涨的概率分布，区间为 0.4 ~ 1.0。

如果想通过概率值决定上涨和下跌，那么应该计算决定二者的标准值分界点。例如，如果分界点是 0.4，那么决定概率在 0 ~ 0.4 的值是下跌，0.4 ~ 1.0 的值是上涨。

图 6-7 中两个曲线重叠的地方很少，这说明预测性能十分优异。因为重叠的区域会发生错误，区域小就说明错误发生的概率低。从图左侧的 ROC 也可以看出性能优异。这种情况下，如果将分界点的值定为 0.5，那么发生的错误会更少，预测性能会更加优异。而且它对上涨和下跌都能呈现出优异的性能。

图 6–8 表示预测性能不好。

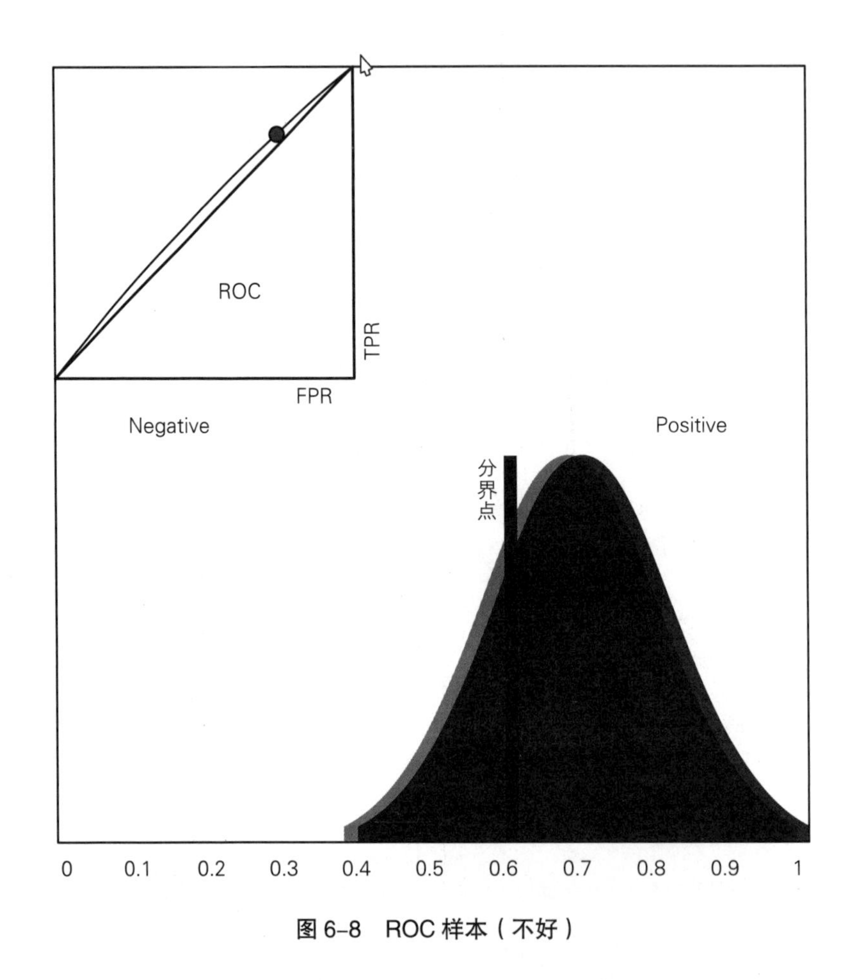

图 6–8　ROC 样本（不好）

图 6–8 中，两个曲线的区域都位于 0.4 ~ 1.0，很大一部分都重叠在一起。重叠的区域会发生错误，大部分都重叠说明预测性能与随机预测并无太大差别，图中左上方的 ROC 与随机 ROC 的形态也十分相似。

像这样，ROC 直观呈现了 Recall 的预测性能如何根据 Specificity 的变化而变化。可以知道，如果 Recall 增加，Specificity 是增加还是减少；如果产生变化，那么这个变化是缓慢的还是急剧的，等等。前文的混淆矩阵和 Classfication Report 只能告诉我们 Recall 和

Specificity 的值，并不能呈现它们的整体轨迹。通过 ROC 的这种特征，我们能够知道已检验分类器在整个区间都拥有稳定的性能，还是只在特定区域内拥有优异性能。

提升预测性能时，也可以使用 ROC 决定合适的分界点。例如，如果正确预测上涨比预测下跌更重要，那么可以将分界点的值调高或者调低，从而使预测上涨的性能达到最大化。

图 6-9 是表示下跌的概率分布（左侧图表）和表示上涨的概率分布（右侧图表）。假设为了提高上涨的预测性能，使用 0.6 代替常用的 0.5。从图中可知，如果分界点是 0.6，与浅灰色区域重叠的部分就会消失，对上涨的预测准确度就会大大提高。ROC 的形态与呈现完美性能时的曲线相似，与 X 轴和 Y 轴十分接近。

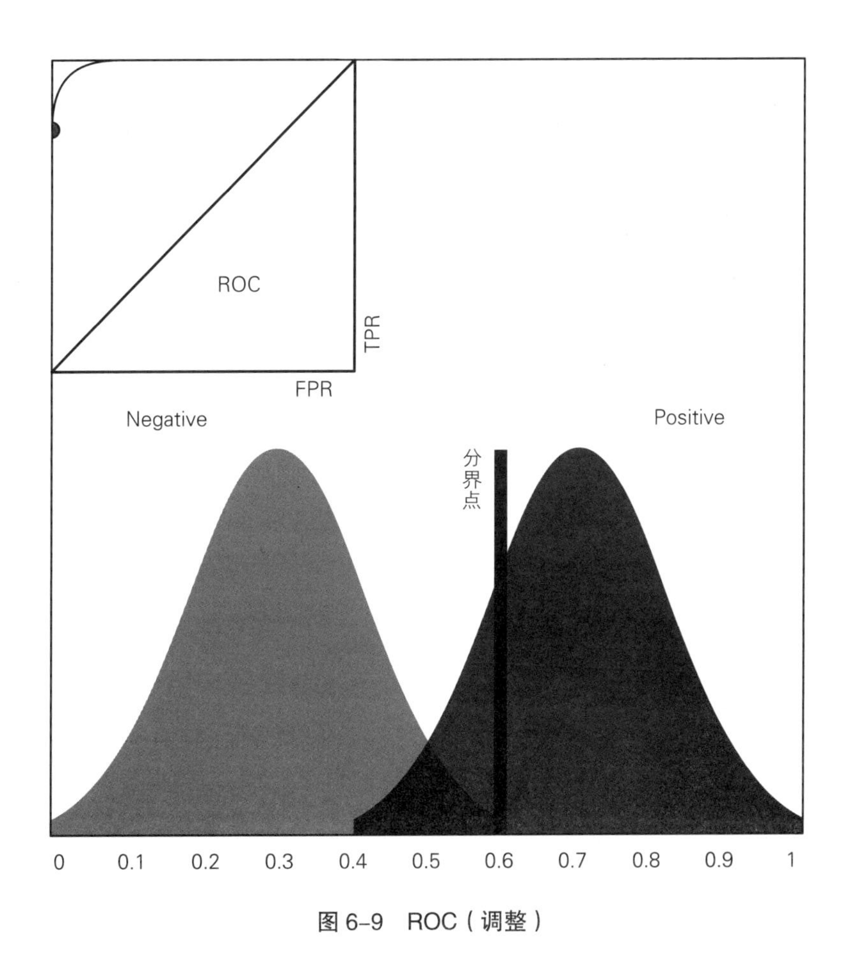

图 6-9　ROC（调整）

前文使用ROC对混淆矩阵和Classfication Report进行说明时，借助了大韩油化的数据，下面看看大韩油化预测变量的预测性能。绘制ROC的函数是`drawROC()`，参数是实际值和预测值。

```
def drawROC(self,y_true,y_pred):
   false_positive_rate, true_positive_rate, thresholds = roc_curve(y_true, y_pred)
   roc_auc = auc(false_positive_rate, true_positive_rate)

   plt.title('Receiver Operating Characteristic')
   plt.plot(false_positive_rate, true_positive_rate, 'b', label='AUC = %0.2f'% roc_
auc)
   plt.legend(loc='lower right')
   plt.plot([0,1],[0,1],'r--')

   plt.xlim([-0.1,1.2])
   plt.ylim([-0.1,1.2])
   plt.ylabel('Sensitivity')
   plt.xlabel('Specificity')
   plt.show()
```

由图6-10的AUC = 0.58可知，支持向量机预测变量的性能并不好。因此，需要调整分界点或者参数以提高预测性能。

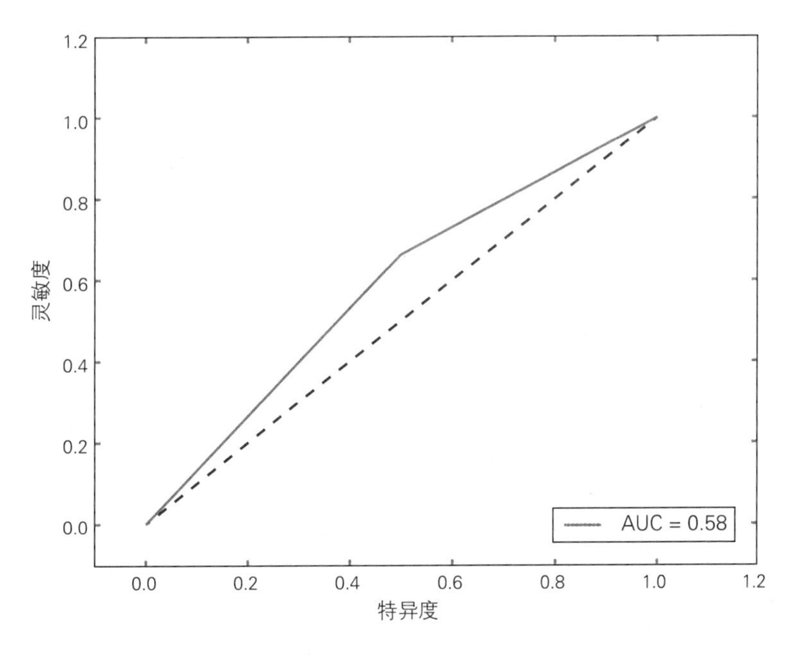

图 6-10　ROC 运行结果

6.4 实时交易监控

实时交易监控可以对算法交易系统的买入和卖出进行实时监控（如图 6-11 所示），是系统运营中不可或缺的重要功能。即使之前已经利用 Pofit/loss、Sharpe Ratio、ROC 等切实掌握了系统性能和特征，我们也不能确定它会带来收益还是损失，因为这是在预测未来。

金融市场存在带有漂移项的随机游走这一特征，近几年，全球化的发展、IT 技术的进步、算法交易的普及等，使得这种倾向越来越严重。现在，只要下定决心，任何人都可以在自己家中收集全世界的金融信息，与美国股市、香港股市相连接，进行股票交易，就像身处同一个市场一样。IT 技术的进步为我们送上与全球金融市场接近的机会，但波动性变强也带来了灾难。一国发生的事件可能导致另一国股市暴跌，也可能使股价急速暴涨。预测国内公司的发展潜力时，相比国内经济，要更加注意海外经济的情况。

图 6-11　实时交易监控示例[①]

我们无法预测波动性极强的情况下会发生什么事情，所以将全部交易都交给算法交易系统可能带来极大的风险。如前所述，算法交易系统根据给定模型进行交易，所以它不可能知道什么信息会对股价造成影响，也很难正确处理突发情况。请时刻牢记，如果遇到意外情况，一次错误的交易就可能导致倾家荡产。

因此，算法交易系统必须具备可以实时监控交易情况的功能。实时检查买入卖出头寸，在 Drawdown 图上如果发现系统出现异常，需要人来亲自处理，或者终止算法交易。

① 出处：https://goo.gl/oskwGf

6.5 参数优化

参数优化对 α 模型中所需的参数进行优化，使其能够呈现最优异的性能。参数的含义很广泛，有些参数设定均值回归模型的移动均值期限是 5 天还是 10 天，也有参数与同一模型有直接联系，还有些参数像机器学习模型一样，决定训练数据的开始日期和结束日期是一年还是两年。

参数优化对算法交易系统的性能有决定性的影响。前文介绍的均值回归模型已经经过检验，是许多机构和对冲基金使用至今并十分偏爱的模型。但从前文中的结果可知，它的回报率并没有想象的高。原因不是模型错误或者数据错误，而是参数没有进行优化。模型再好，如果没有设定合适的参数，也就不可能得出好的结果。

以之前使用的大韩油化的机器学习模型为例，在其他条件保持不变的情况下，将 `time_lags` 的值调整为 1、5、10，与它对应的 Hit Ratio 如表 6-4 所示。

表 6-4　**time_lags** 值对应的 Hit Ratio

time_lags	Hit Ratio
1	0.5
5	0.57
10	0.55

`time_lags` 为 5 天时，比 1 天的情况多了 0.07，即预测能力高了 7%。这个数值比误差范围高了 5%，所以值得信赖。预测能力提高了 7%，这件事情不容小觑。

以赌场为例。赌场的百家乐游戏中，庄家第一次赔率是 48.94%，玩家是 48.76%，只相差 0.18%。但是随着时间的流逝，“大数定律”开始起作用，原本几乎可以忽略的差异变为鸿沟。因此，将 `time_lags` 的值从 1 改为 5 时，预测能力提高了 7% 是非常有意义的变化。

根据参数的不同，即使相同模型也会呈现出不同的利润，算法交易系统的性能同样会受参数优化的影响，在设计和水平上呈现差异。

算法交易系统的发展趋势是，金融市场流动性变强，算法交易系统之间竞争激烈，导致能够快速应对时刻变化的市场状况变得更加重要。有鉴于此，复杂的模型已经不再适合，简单且易于理解的模型正在成为主流。而且这些模型逐渐被人熟知，有许多已经通过验证，常用于实际的算法交易系统。

许多机构和对冲基金都使用相似的模型，但是有些地方可以创造利润，有些地方则不然，很大一部分原因就在于参数优化。如果想开发创收能力强的算法交易系统，必须在参数优化上投入许多时间和精力。

6.6 超参数优化

机器学习模型参数的优化称为超参数优化。机器学习中有模型参数优化和超参数优化这两种，模型参数是机器学习所需的参数，是机器学习算法独立找出的值。例如，逻辑斯蒂回归模型可以表现如下：

$$W^t * X = Y$$

X 是输入变量，Y 是输出变量，W^t 是逻辑斯蒂回归要得出的向量值。此处，W^t 是模型参数。

超参数是运行机器学习模型时设定的参数，与模型参数不同，需要人亲自设置。例如，sklearn 的逻辑斯蒂回归模型中可以设定的值如下所示。

- **`Penalty`**：l1、l2
- **`Solver`**：newton-cg、lbfgs、liblinear
- **`C`**：float

模型参数的优化是根据超参数中设定的值进行的，所以超参数优化对机器学习模型的性能影响巨大。图 6-12 呈现了超参数和模型参数之间的关系。

图 6-12　超参数与模型参数

模型参数优化只能在超参数设定的范围内进行，所以在设置不正确的超参数中很难呈现优异性能。因此，超参数优化比模型参数优化更重要。

超参数优化最具代表性的两大方法是网格搜索和随机搜索，下面分别对其进行介绍。

6.6.1　网格搜索

顾名思义，网格搜索通过输入既有范围（网格）内的所有值，对超参数进行优化。如图 6-13 所示，尝试所有通路之后，选出最好的那条。

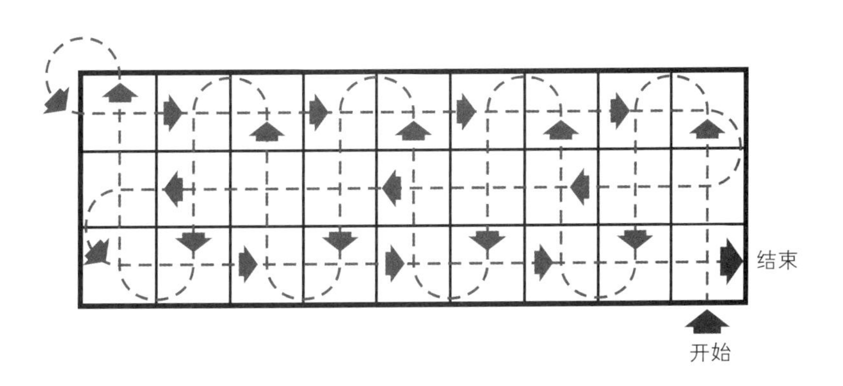

图 6-13　网格搜索

例如，如果不知道 1、2、3、4、5 的值哪一个最好，那么可以将其全部输入，通过结果进行超参数优化。这是一个笨办法。

下面尝试使用网格搜索，寻找第 5 章中训练的随机森林预测变量的优化超参数。optimizeHypermeter() 函数可以通过网格搜索找出最优的超参数值。实际运行网格搜索的函数是 doGridSearch()，其中最重要的是加粗显示的 grid_search.fit。在 sklearn 中，同样可以轻松使用网格搜索。

```
def optimizeHyperparameter(self,name, code, start_date,end_date,lags_count=5):
    a_predictor = self.predictor.get(code,name)

    df_dataset = self.predictor.makeLaggedDataset(code,start_date,end_date, self.
config.get('input_column'), self.config.get('output_column'),lags_count)

    X_train,X_test,Y_train,Y_test = self.predictor.splitDataset(df_dataset,'price_
date',[self.config.get('input_column')],self.config.get('output_column'),split_
ratio=0.8)

    param_grid = {"max_depth": [3, None],
                  "min_samples_split": [1, 3, 10],
                  "min_samples_leaf": [1, 3, 10],
                  "bootstrap": [True, False],
                  "criterion": ["gini", "entropy"]}

    a_predictor.doGridSearch(X_train.values,Y_train.values,param_grid)
def doGridSearch(self,x_train,y_train,param_grid):
    grid_search = GridSearchCV(self.classifier, param_grid=param_grid)
    grid_search.fit(x_train,y_train)

    for params, mean_score, scores in grid_search.grid_scores_:
        print("%0.3f (+/-%0.03f) for %r" % (mean_score, scores.std() * 2, params))
```

运行结果

```
0.500 (+/-0.070) for {'min_samples_split': 3, 'bootstrap': True, 'criterion':
'entropy', 'max_depth': 3, 'min_samples_leaf': 10}
0.500 (+/-0.070) for {'min_samples_split': 10, 'bootstrap': True, 'criterion':
'entropy', 'max_depth': 3, 'min_samples_leaf': 10}
0.505 (+/-0.077) for {'min_samples_split': 1, 'bootstrap': False, 'criterion': 'gini',
'max_depth': 3, 'min_samples_leaf': 1}
0.505 (+/-0.077) for {'min_samples_split': 3, 'bootstrap': False, 'criterion': 'gini',
'max_depth': 3, 'min_samples_leaf': 1}
0.511 (+/-0.086) for {'min_samples_split': 10, 'bootstrap': False, 'criterion':
'gini', 'max_depth': 3, 'min_samples_leaf': 1}
0.505 (+/-0.077) for {'min_samples_split': 1, 'bootstrap': False, 'criterion': 'gini',
'max_depth': 3, 'min_samples_leaf': 3}
0.505 (+/-0.077) for {'min_samples_split': 3, 'bootstrap': False, 'criterion': 'gini',
'max_depth': 3, 'min_samples_leaf': 3}
0.511 (+/-0.086) for {'min_samples_split': 10, 'bootstrap': False, 'criterion':
'gini', 'max_depth': 3, 'min_samples_leaf': 3}
0.511 (+/-0.086) for {'min_samples_split': 1, 'bootstrap': False, 'criterion': 'gini',
'max_depth': 3, 'min_samples_leaf': 10}
0.511 (+/-0.086) for {'min_samples_split': 3, 'bootstrap': False, 'criterion': 'gini',
'max_depth': 3, 'min_samples_leaf': 10}
0.511 (+/-0.086) for {'min_samples_split': 10, 'bootstrap': False, 'criterion':
'gini', 'max_depth': 3, 'min_samples_leaf': 10}
0.533 (+/-0.053) for {'min_samples_split': 1, 'bootstrap': False, 'criterion': 'gini',
'max_depth': None, 'min_samples_leaf': 1}
0.505 (+/-0.068) for {'min_samples_split': 3, 'bootstrap': False, 'criterion': 'gini',
'max_depth': None, 'min_samples_leaf': 1}
0.543 (+/-0.032) for {'min_samples_split': 10, 'bootstrap': False, 'criterion':
'gini', 'max_depth': None, 'min_samples_leaf': 1}
0.533 (+/-0.001) for {'min_samples_split': 1, 'bootstrap': False, 'criterion': 'gini',
```

```
'max_depth': None, 'min_samples_leaf': 3}
0.533 (+/-0.001) for {'min_samples_split': 3, 'bootstrap': False, 'criterion': 'gini',
'max_depth': None, 'min_samples_leaf': 3}
0.543 (+/-0.032) for {'min_samples_split': 10, 'bootstrap': False, 'criterion':
'gini', 'max_depth': None, 'min_samples_leaf': 3}
0.495 (+/-0.066) for {'min_samples_split': 1, 'bootstrap': False, 'criterion': 'gini',
'max_depth': None, 'min_samples_leaf': 10}
0.495 (+/-0.066) for {'min_samples_split': 3, 'bootstrap': False, 'criterion': 'gini',
'max_depth': None, 'min_samples_leaf': 10}
0.495 (+/-0.066) for {'min_samples_split': 10, 'bootstrap': False, 'criterion':
'gini', 'max_depth': None, 'min_samples_leaf':
```

从运行结果可知，每一行表示一个已测试的超参数值，最前边的数字是分数，括号内是标准差值。从分数和 std 中可以找出最优的超参数，也能知道分数和标准差如何根据超参数值的变化而变化。

6.6.2 随机搜索

随机搜索与网格搜索不同，并不通过代入现有的全部值计算最优超参数，而是从给定值中抽取样本，只针对样本值寻找最优超参数。随机搜索并不会计算所有集合的超参数，它通过抽取部分值作为样本，并由此计算超参数。所以寻找最好的超参数时，随机搜索的计算量要小于网格搜索，消耗的时间也更短。

之所以说“最好”的参数值而非“最优”，原因如下。网格搜索寻找超参数时，会使用所有情况下的数值，而随机搜索则会从所有集合中抽出一部分作为样本，因此，不能说寻找出来的超参数值一定是最优的。也就是说，寻找超参数时，如果抽取的样本包含能够找到最优超参数的值，那么可以找到最优超参数，反之是找不到最优超参数的。

在随机搜索中必须知道的事实是：一般来说，如果使用 60 个以上的样本，随机搜索的性能绝对不会低于网格搜索的性能。James Bergstra 和 Yoshua Bengio 在"Random Search for Hyperparameter Optimization"论文[①]中阐述了这一事实。

随机搜索运行示例如下所示。

```
def optimizeHyperparameterByRandomSearch(self,name, code, start_date,end_date,lags_
count=5):
    a_predictor = self.predictor.get(code,name)

    df_dataset = self.predictor.makeLaggedDataset(code,start_date,end_date, self.
config.get('input_column'), self.config.get('output_column'),lags_count)

    X_train,X_test,Y_train,Y_test = self.predictor.splitDataset(df_dataset,'price_
date',[self.config.get('input_column')],self.config.get('output_column'),split_
ratio=0.8)

    param_dist = {"max_depth": [3, None],
                  "min_samples_split": sp_randint(1, 11),
                  "min_samples_leaf": sp_randint(1, 11),
                  "bootstrap": [True, False],
                  "criterion": ["gini", "entropy"]}

    a_predictor.doRandomSearch(X_train.values,Y_train.values,param_dist,20)
def doRandomSearch(self,x_train,y_train,param_dist,iter_count):
    random_search =  RandomizedSearchCV(self.classifier, param_distributions=param_
dist, n_iter=iter_count)
    random_search.fit(x_train,y_train)

    for params, mean_score, scores in random_search.grid_scores_:
        print("%0.3f (+/-%0.03f) for %r" % (mean_score, scores.std() * 2, params))
```

① 参考：http://goo.gl/efc8Qv

运行结果

```
0.500 (+/-0.053) for {'min_samples_split': 4, 'bootstrap': True, 'criterion': 'gini',
'max_depth': None, 'min_samples_leaf': 4}
0.500 (+/-0.092) for {'min_samples_split': 10, 'bootstrap': True, 'criterion': 'gini',
'max_depth': None, 'min_samples_leaf': 3}
0.500 (+/-0.096) for {'min_samples_split': 3, 'bootstrap': True, 'criterion': 'gini',
'max_depth': 3, 'min_samples_leaf': 8}
0.505 (+/-0.068) for {'min_samples_split': 3, 'bootstrap': False, 'criterion': 'gini',
'max_depth': None, 'min_samples_leaf': 1}
0.495 (+/-0.066) for {'min_samples_split': 3, 'bootstrap': False, 'criterion': 'gini',
'max_depth': None, 'min_samples_leaf': 10}
0.505 (+/-0.077) for {'min_samples_split': 6, 'bootstrap': True, 'criterion':
'entropy', 'max_depth': 3, 'min_samples_leaf': 2}
0.495 (+/-0.082) for {'min_samples_split': 5, 'bootstrap': False, 'criterion':
'entropy', 'max_depth': 3, 'min_samples_leaf': 9}
0.511 (+/-0.086) for {'min_samples_split': 8, 'bootstrap': False, 'criterion':
'entropy', 'max_depth': 3, 'min_samples_leaf': 3}
0.495 (+/-0.066) for {'min_samples_split': 6, 'bootstrap': False, 'criterion': 'gini',
'max_depth': None, 'min_samples_leaf': 10}
0.495 (+/-0.082) for {'min_samples_split': 6, 'bootstrap': False, 'criterion': 'gini',
'max_depth': 3, 'min_samples_leaf': 8}
0.527 (+/-0.121) for {'min_samples_split': 7, 'bootstrap': True, 'criterion': 'gini',
'max_depth': None, 'min_samples_leaf': 6}
0.511 (+/-0.086) for {'min_samples_split': 10, 'bootstrap': False, 'criterion':
'entropy', 'max_depth': 3, 'min_samples_leaf': 4}
```

上述代码与网格搜索的代码非常相似，区别在于用 `RandomizedSearchCY` 类代替了 `GridSearchCV` 类，而且传递为值的分布。

6.7 “黑天鹅”

“黑天鹅”理论由纳西姆·尼古拉斯·塔勒布提出，指不可预测的重大稀有事件，它在意料之外却又改变一切。人们在澳大利亚发现黑天鹅之前，都以为只存在白天鹅，这个发现使科学界和其他领域的许多人都受到冲击，这就是纳西姆“黑天鹅”理论的由来。

“黑天鹅”理论帮助解释了次贷危机等金融危机，收获了很大的名气。之所以在算法交易中突然提到“黑天鹅”理论，是为了谈一谈波动性和概率。算法交易系统的宿命是，无论使用何种方法，最终都需要利用过去的数据预测未来。其机制是预测股价的涨跌或股价本身，再根据预测结果进行买入卖出并创造利润。

在算法交易中，尤其是利用机器学习模型进行的预测，意味着某个事件在未来发生的概率。例如，如果股价上涨的概率值为 0.88，虽然足以期待上涨这个结果，但反过来想就能知道，股价不下跌的概率是 1 – 0.88 = 0.12。

那么，现在假设要进行股票交易，需要决定采用哪种方式。根据开发的 α 模型的预测结果选择买入卖出头寸可能会很危险。α 模型的基本作用是发现并告知人们买入卖出的机会，所以会诱导人进行相对较为频繁的交易。反之，风险模型的特性是计算损失，尽可能不交易。那么，在算法交易中实际决定买入卖出头寸的投资组合模型应当如何运作，才让风险最小化的同时又将利润最大化呢？

算法交易系统中，因为交易以对未来的预测为基础进行，所以并不能 100% 确定。也就是说，要在交易的风险和回报二者共存的情况下决定。对于算法交易，利润和风险这两个要素中更为优先的当然是风险。无论期待收获多高的利润，如果为一次交易失误而导致相当一部分财产受损的可能性很大，就不应该进行交易。

这正是投资组合模型的核心。最好采用 Sharpe Ratio 等概念决定是否交易，因为这些概念依据利润与风险的比较做出决定。那么，如何计算风险就成为一个重要的问题，此时采用的方法就是概率分布。直接找出某个事件的概率分布或者利用正态分布等，将事件发生的概率值用于预测风险度，如图 6–14 所示。比如，在概率分布中，如果过去上涨的概率为 3%，则能够假设几乎不可能继续上涨且风险度很低。

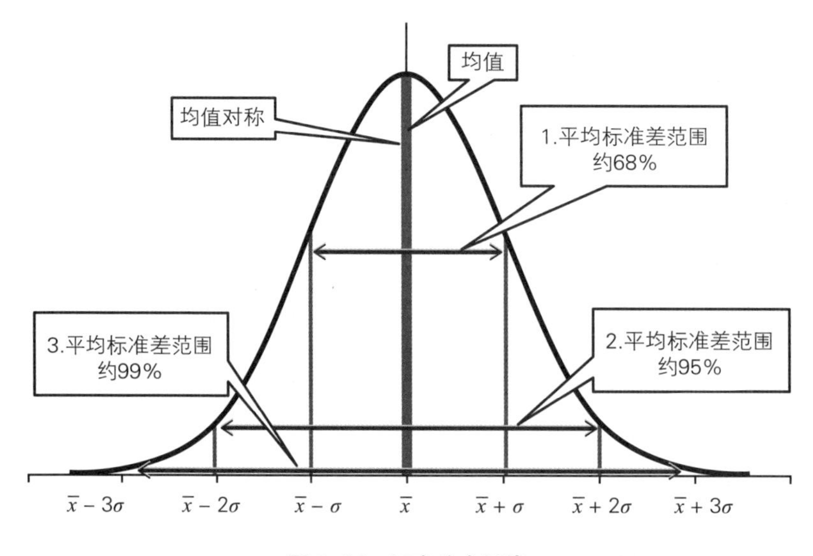

图 6–14 正态分布图表

用均值和标准差也可以尽情地做出这样的判断。例如，如果股价均值为 10 000，标准差为 500，那么股价下跌至两个标准差以下，即 9000 以下的可能性就会低于 5%，变成不可能发生的事。算法交易就以这种方式计算风险度。

但有意思的是，现实中发生概率低于 5% 的事情会比预想得更常见。算法交易系统的开发者在数学和 IT 领域有很高造诣，其成果自然绝非浪得虚名。虽然运营起来需要投入大量资金，风险管理上也要投入大量精力，但时而发生巨大损失与此不无关系。如前所述，风险计算虽然是以带有窄尾分布的过去的概率分布为基础进行计算的，但事实上是因为肥尾分布才会这样计算。

肥尾分布指的是概率分布两端边缘最宽的区域，如图 6–15 所示，与正态分布图相比，2σ 和 3σ 部分的区域更宽，可知所属区域发生的概率更高。例如，在正态分布中，如果 2σ 以上的数值变化发生的概率为 100% – 95.4% = 4.6%，那么在肥尾分布中对应的概率升到 4.6% 以上，比如 5.6%、8.7% 等。

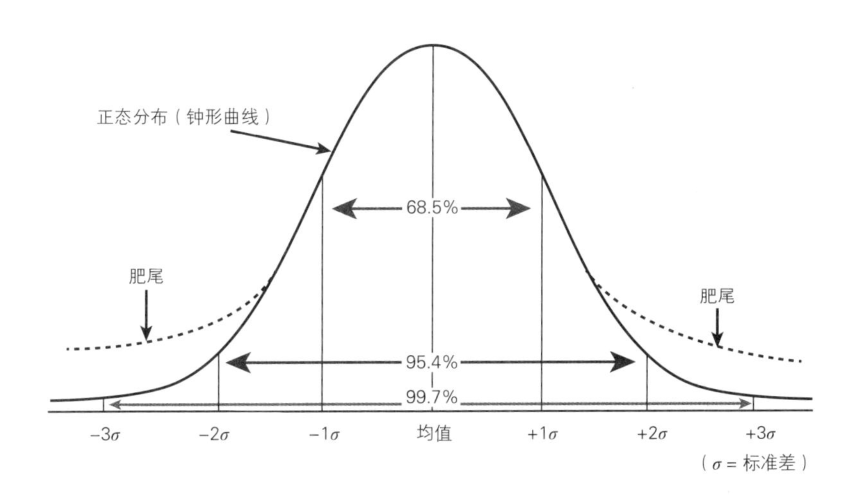

图 6–15　肥尾分布图表

虽然很多数学理论和方法都在假设正态分布，但正态分布是窄尾分布，某个数值处于 < 均值 + 标准差 ×1 > 范围的概率为 68.5%，处于 < 均值 + 标准差 ×2 > 范围的概率为 95.4%，处于 < 均值 + 标准差 ×3 > 范围的概率为 99.7%。肥尾分布则不同，某个数值处于 < 均值 + 标准差 ×2 > 的可能为 90.4%，小于正态分布的 95.4%；处于 < 均值 + 标准差 ×3 > 的可能为 96.3%，小于正态分布的 99.7%。（90.4% 和 96.3% 只是示例数值，并非肥尾分布的实际概率值。）

金融市场受不确定性支配，人们认为对于这一领域，更合适的理论是肥尾分布，而非正态分布之类的窄尾分布。想要设计并开发算法交易系统时，需要考虑金融市场中的概率分布有可能是肥尾分布。

后记

尽管本书两大主题——机器学习和算法交易——内容庞杂，范围广泛，需要多领域知识，但本书集中说明了入门者必知的核心概念和展现这些概念的代码。仅机器学习这一主题就足以写出一本书，而算法交易也是如此。

我创作本书期间，李世石和谷歌阿尔法围棋展开了对弈。对于一个学习并运用机器学习的人来说，这场对弈妙趣横生，它也是一次展示机器学习相关技术当时发展程度的机会。于是，我在百忙之中抽出时间看了 4 轮对弈。我相信自己还是比较了解机器学习的，所以认为阿尔法围棋的水平不如李世石，因而想当然地预测李世石完胜，没有看第一场比赛。听到阿尔法围棋获胜的消息后，我看了第一局的精彩片段。没用多久我就发现，棋局的发展与我预想的不同。从第二场对弈开始，我每局都认真观战，最终不得不感叹于阿尔法围棋的一招一式。我原本认为李世石会赢，是出于对局部极小值和全局最小值之间平衡问题的考虑。但事实证明，阿尔法围棋非常完美地解决了这一问题。我本以为我很清楚机器学习擅长什么事、它的极限在哪里，但阿尔法围棋毫不留情地粉碎了我的偏见。这是一个值得感谢的契机，它让我知道，可以应用机器学习的问题比想象的更加多样化，机器学习本身的技术水平也已经取得长足的发展。

如果说到今天为止，软件的发展以功能为中心，那么显而易见，今后的软件将以智能为中心迅猛发展。就像阿尔法围棋为我们展现的关于机器学习的可能性一样，“智能”这一大目标已经确立，历史的车轮将永远向前。

人们越来越意识到机器学习的重要性，对其的使用也在逐步扩大，渗透进我们生活的点点滴滴。一直以来需要人们亲自动手的许多事，将由各种通过机器学习具备智能的软件代替完成，这种技术的发展将反过来影响我们的生活。

对于软件开发者来说，机器学习将不再是可选项，而是必须的技术要素。用户选择软件或者服务时，其标准也将从“以功能为中心”转变为“以收益为中心”。在本书中占据较大比例的金融领域，将会更多地使用机器学习，并不断开发新技术。

本书旨在展示机器学习的整体趋势及其具体应用方法，着眼点在于整个森林，而不是一棵树木，所以内容上难免会有很多不足，未涉及的概念也不少。希望大家通过相关图书和网络学习更多知识，也希望我微不足道的努力能够让更多 IT 从业者对机器学习和金融产生兴趣。

版 权 声 明

站在巨人的肩上
Standing on Shoulders of Giants
TURING
图灵教育
iTuring.cn

站在巨人的肩上
Standing on Shoulders of Giants
TURING
图灵教育
iTuring.cn